essentials

Springer essentials sind innovative Bücher, die das Wissen von Springer DE in kompaktester Form anhand kleiner, komprimierter Wissensbausteine zur Darstellung bringen. Damit sind sie besonders für die Nutzung auf modernen Tablet-PCs und eBook-Readern geeignet. In der Reihe erscheinen sowohl Originalarbeiten wie auch aktualisierte und hinsichtlich der Textmenge genauestens konzentrierte Bearbeitungen von Texten, die in maßgeblichen, allerdings auch wesentlich umfangreicheren Werken des Springer Verlags an anderer Stelle erscheinen. Mit Vorwort, Abstracts, Keywords, Quellen- und Literaturverzeichnis bekommen die Leser „self-contained knowledge" in destillierter Form: Die Essenz dessen, worauf es als „State-of-the-Art" in der Praxis und/oder aktueller Fachdiskussion ankommt.

Christian Friege • Carsten Herbes

# Einführung in die Vermarktung Erneuerbarer Energien

## Basics für die Unternehmenspraxis

Christian Friege
Unternehmensberatung Dr. Friege
Stuttgart
Deutschland

Carsten Herbes
HfWU Nürtingen-Geislingen
Nürtingen
Deutschland

ISSN 2197-6708
essentials
ISBN 978-3-658-11830-3
DOI 10.1007/978-3-658-11831-0

ISSN 2197-6716 (electronic)

ISBN 978-3-658-11831-0 (eBook)

Die Deutsche Nationalbibliothek verzeichnet diese Publikation in der Deutschen Nationalbibliografie; detaillierte bibliografische Daten sind im Internet über http://dnb.d-nb.de abrufbar.

Springer Gabler


Gedruckt auf säurefreiem und chlorfrei gebleichtem Papier

Springer Fachmedien Wiesbaden ist Teil der Fachverlagsgruppe Springer Science+Business Media
(www.springer.com)

# Was Sie in diesem Essential finden können

- Ein verändertes Marketing-Verständnis als Basis für den Vertrieb von Erneuerbaren Energien (EE)
- Besonderheiten von EE und ihr Einfluss auf das Marketing
- Überblick über Motivationen und Anreize für Konsumenten, EE nachzufragen
- Erfahrungen und Praxistipps zur Vermarktung von Grünstrom und Biomethanbasierten Gas-Produkten
- Bedeutung von EE als Inputfaktoren für die Vermarktung anderer Güter und Dienstleistungen
- Vermarktungsstrategie für Grünstrom und Biomethan

# Vorwort

In der täglichen Unternehmenspraxis stehen Produkte auf Basis Erneuerbarer Energien (EE) häufig neben den Angeboten herkömmlicher Provenienz. Das funktioniert selten mit identischen Marketing-Ansätzen. Warum das so ist, wie die Vermarktung von EE angegangen werden kann und welche Besonderheiten dabei zu beachten sind – davon handelt dieses Essential.

Es basiert auf dem von uns verfassten Beitrag *Konzeptionelle Überlegungen zur Vermarktung Erneuerbarer Energien*, der in dem von uns herausgegebenen Band *Marketing Erneuerbarer Energien* (Herbes/Friege 2015) erschienen ist und für diese Publikation umfassend ergänzt und überarbeitet wurde.

Frau Manuela Eckstein danken wir für die wiederum herausragende Betreuung im Lektorat bei Springer Gabler.

Stuttgart/Nürtingen, Juli 2015

Christian Friege
Carsten Herbes

# Inhaltsverzeichnis

# Die Autoren

**Dr. Christian Friege** hat vielfältige Marketing- und Vertriebserfahrung und war von 2008 bis 2012 Vorstandsvorsitzender der LichtBlick AG. Er berät heute zahlreiche Unternehmen zu Strategie, Marketing und Vertrieb, insbesondere in der Energiewirtschaft. Christian Friege hat in Mannheim Betriebswirtschaftslehre studiert und an der Katholischen Universität in Eichstätt/Ingolstadt promoviert. Für die Bertelsmann AG hat er in den USA und in UK Führungsaufgaben wahrgenommen, ehe er 2005 Vorstand der debitel AG wurde. Christian Friege ist Dozent an der Hochschule für Wirtschaft und Umwelt Nürtingen-Geislingen und führt regelmäßig Lehrveranstaltungen an der Universität St. Gallen durch.

**Prof. Dr. Carsten Herbes** ist seit 2012 Professor für Internationales Management und Erneuerbare Energien sowie geschäftsführender Direktor des Institute for International Research on Sustainable Management and Renewable Energy an der Hochschule für Wirtschaft und Umwelt Nürtingen-Geislingen. Zuvor war er knapp zehn Jahre bei Roland Berger Strategy Consultants in den Büros München und Tokyo tätig, danach in einem Bioenergieunternehmen, zuletzt als Vorstand. Er forscht zu Fragen der Vermarktung, den Kosten und der sozialen Akzeptanz von Erneuerbaren Energien, insbesondere Biogas sowie zur internationalen Entwicklung von Erneuerbaren Energien. Außerdem berät er Unternehmen und Verbände in Fragen der Nachhaltigkeit.

# 1 Einleitung

Warum ist es wichtig, sich mit der Vermarktung Erneuerbarer Energien (EE) gesondert zu beschäftigen? Welche zusätzlichen Fragen sind zu berücksichtigen, wenn es um grüne Energie und den Weg zum Kunden geht? Richtig ist, dass die Grundlagen des Marketing natürlich auch auf die Vermarktung von EE anwendbar sind. Und dass die Herausforderung, Commodities zu differenzieren, Low-Involvement-Produkte zu Markenartikeln zu entwickeln und neue Technologien an der Grenze zwischen Subventionen, Erprobung und Marktreife zu vermarkten, jeweils per se als Aufgabenstellung bekannt sind. Bei der Vermarktung von EE geht es aber um ein weit komplexeres Feld, das allein durch die umfassende öffentliche Diskussion über die Energiewende, den bahnbrechenden Ausstieg aus der Nutzung der Kernenergie und die Chance, EE zu einem Motor der Wirtschaft für das 21. Jahrhundert auszubauen, in unserer Zeit singulär ist. Damit steht die Vermarktung von EE in einem einzigartigen gesellschaftlichen Kontext und die Aufgaben für den Marketingexperten sind herausfordernd, vielfältig und ohne einfach heranziehbare Vorbilder aus anderen Branchen oder Zusammenhängen. Vor diesem Hintergrund sollen nachfolgend einige grundlegende Überlegungen zur Vermarktung von EE dargestellt und mit Praxistipps verbunden werden. Dabei geht es um diese Fragen:

- Welches Marketingverständnis ist geeignet, einen Rahmen für die Vermarktung von EE aufzuspannen? Welche gesellschaftlichen Veränderungen müssen als Grundlage für die Vertriebs- und Marketingaktivitäten berücksichtigt werden – neben Rechtsrahmen und Subventionen?
- Welche Ziele der Konsumenten sind für die Vermarktung von EE entscheidend? EE sind aus der Umweltbewegung heraus entstanden und spielen in der Diskussion um die globale Klimaveränderung eine wichtige Rolle. Das hat große Auswirkungen auf die Vermarktung von EE.



C. Friege, C. Herbes, *Einführung in die Vermarktung Erneuerbarer Energien*, essentials, DOI 10.1007/978-3-658-11831-0_1

- Welche besonderen Eigenschaften sind EE zuzuschreiben und welche Auswirkungen haben diese auf die Vermarktungsstrategien?
- Welche Bedeutung haben EE als Inputfaktoren für die Erstellung anderer Güter und Dienstleistungen? Wie kann dieser Input für deren Vermarktung genutzt werden?
- Wie kann man diese Aspekte konkret in die Vermarktung von EE umsetzen, u. a. am Beispiel von grünem Strom bzw. Gas-Produkten auf Biomethan-Basis?
- Welche Entwicklungslinien für die nächsten Jahre lassen sich bereits heute erkennen – und wie sollte der Vermarkter von EE darauf reagieren?

Diesen Fragen ist nachfolgend jeweils ein Abschnitt gewidmet. Nicht behandeln werden wir die Themen, bei denen die Vermarktung gesetzlichen Vorgaben folgt, insbesondere die im EEG 2014 vorgesehene Direktvermarktung. Hier geht es nämlich nicht in erster Linie um „Marketing“, sondern vielmehr um Abwicklungsprozesse unter Einbeziehung organisierter Märkte (Börsen).

Für alle diese Fragestellungen verstehen wir unter „Erneuerbarer Energie“ Folgendes:

► Als „Erneuerbare Energie“ werden solche Energieträger bezeichnet, die entweder praktisch unendlich vorhanden sind (etwa die Energie der Sonne, Wind oder Laufwasser) oder unmittelbar nachwachsen können bzw. stets erneut anfallen (Biomasse bzw. Bioabfälle) und alle vollständig aus diesen Energieträgern umgewandelten Formen der Energie (etwa Ökostrom oder Wärme).

Vielfach wird die Vermarktung von EE gleichgesetzt mit der Vermarktung von Ökostrom. Daneben gibt es aber auch noch andere Produkte wie Biomethan, grüne Wärme oder Biokraftstoffe wie Bioethanol und Biodiesel. Die Vermarktung von Biomethan wird in Abschn. 7.2 behandelt. Grüne Wärme ist noch ein Nischenmarkt, der im Text zwar Erwähnung findet, aber nicht im Fokus steht. Die Vermarktung von Bioethanol und Biodiesel ist extrem stark von gesetzlichen Rahmenbedingungen bestimmt und von den Quotenverpflichtungen für die Mineralölwirtschaft geprägt. Für ein echtes Marketing unter Einsatz des Marketing-Mix bleibt hier so gut wie kein Raum, weswegen wir die Biokraftstoffe in diesem Band ausklammern.

# 2 Ein verändertes Verständnis von Marketing: „Marketing 3.0“

Widmen wir uns nun zunächst der Frage nach dem Marketingverständnis, das den Rahmen für die EE-Vermarktung darstellen kann. Kotler et al. (2010) haben sehr überzeugend darauf verwiesen, dass sich in den letzten Jahren das Marketing fortentwickelt hat, hin zu einem Marketing 3.0. Damit bezeichnen sie ein modernes Marketing, das in Social Media eingebettet ist, auf Many-to-Many-Kommunikationsbeziehungen basiert und das vor allem die gesellschaftliche Verantwortung des Unternehmens aktiv annimmt und in die Marketingstrategie integriert (vgl. Abb. 2.1).

Die Argumentation von Kotler et al. (2010) ordnet sich dabei um zwei Kristallisationspunkte, nämlich 1) die Werteorientierung und 2) das interaktive Web, die die Gesellschaft des 21. Jahrhunderts prägen und die jeder für sich genommen hilfreich sind, um konzeptionelle Grundlagen für die Vermarktung von EE zu entwickeln (vgl. Abb. 2.1).

Ad 1: Werteorientierung

> Kotler et al. (2010) nennen Weltverbesserung als Zielsetzung ihres Marketingverständnisses und fassen zusammen: „Sinnstiftung ist die neue Value Proposition im Marketing“ (S. 20, Übersetzung der Verfasser). Dazu gehören ein ganzheitliches Kundenbild als Marktsicht und eine Unternehmensausrichtung, die sich neben Mission und Vision auch einem eigenen Wertekatalog unterwirft.



C. Friege, C. Herbes, *Einführung in die Vermarktung Erneuerbarer Energien*, essentials, DOI 10.1007/978-3-658-11831-0_2

| | Marketing 1.0 Produkt-Fokus | Marketing 2.0 Kunden-Fokus | Marketing 3.0 Werte-Fokus |
|---|---|---|---|
| **Zielsetzung** | Produktabsatz | Kundenzufriedenheit und -bindung | Weltverbesserung |
| **Katalysator** | Industrielle Revolution | Informations-technologie | Web 2.0+* |
| **Marktsicht der Anbieter** | Massenmarkt für physische Produkte | Intelligenter Konsument | Ganzheitliches Kundenbild |
| **Haupt-Marke-tingkonzept** | Produkt-entwicklung | Differenzierung | Werte |
| **Marketing-Richtlinie** | Produkt-spezifikation | Unternehmens- und Produktpositionierung | Corporate Mission, Vision and Values |
| **Value Proposition** | Funktionell | Funktionell und emotionell | Funktionell, emotionell und spirituell |
| **Kunden-Interaktion** | One-to-Many Transaktion | One-to-One Beziehung | Many-to-Many Zusammenarbeit |

* Social Media getrieben durch (1) billige Computer und Mobiltelefone etc., (2) preiswerten Internetzugang und (3) Open Source Technology.

**Abb. 2.1** Vergleich der Marketingkonzepte 1.0, 2.0 und 3.0. (Quelle: Kotler et al. (2010, S. 6); eigene Übersetzung/Adaption)

**Praxis-Beispiel: CSR oder Werteorientierung?**

Viele Unternehmen üben sich heute in CSR: Corporate Social Responsibility bzw. unternehmerische Verantwortung für die Gesellschaft. Doch auch Beiträge für die Allgemeinheit, die über das gesetzlich vorgeschriebene hinausgehen, stellen noch keinesfalls die hier dargestellte Werteorientierung dar. Erst wenn Unternehmensziele, -prozesse und -produkte konsistent auch gesellschaftlichen Zielen verpflichtet sind, kann man von Werteorientierung sprechen. Ein gutes Beispiel aus der Energiewirtschaft für ein wertegetriebenes Unternehmen sind die EWS Elektrizitätswerke Schönau (http://www.ews-schoenau.de/ews/leitlinienstruktur.html).

Ad 2: Interaktives Web

> Die „New Wave Technology" (Kotler et al. 2010, S. 6) ist in Abb. 2.1 als „Web 2.0+" übertragen worden, denn gemeint ist nicht allein das Internet als Plattform und Technologie, sondern dessen rasante Verbreitung weltweit durch preisgünstige Hardware (v. a. Smartphones und Tablet Computer, die mobilen Internetzugang ermöglichen), einfachen Internetzugang und die Open-Source-Technologien, die direkten Zugang zu Software und schnelle Weiterentwicklung derselben erlauben. Ebenso von Bedeutung ist die sich entwickelnde Kultur der Zusammenarbeit online, sei es durch Kommunikation in den Sozialen Medien (Many-to-Many) oder durch Zusammenarbeit online (Co-Creation, Crowdsourcing etc.).

Werteorientierung und interaktives Web kennzeichnen unsere gesellschaftliche Wirklichkeit und auch ein modernes Marketing 3.0. Insofern erscheinen sie ebenso als Maßstab geeignet, um die Besonderheiten von EE einzuordnen wie auch als konzeptioneller Rahmen für die weiteren Überlegungen.

# 3 Ziele von Konsumenten beim Bezug von Erneuerbaren Energien

Das Konzept von Marketing 3.0 ist auch deshalb so passend, weil die Motive und Motivationen für Angebot und Nachfrage nach EE nicht allein ökonomischer Rationalität folgen, sondern in besonderer Weise wertegetrieben sind. Ausgangspunkt für die Diffusion von EE sind Sorgen um die langfristigen Umweltwirkungen der Atomenergie und das zunehmende Bewusstsein über den Klimawandel und dessen Folgen. Umweltbewusstsein ist einer der wichtigsten psychografischen Treiber von Kaufentscheidungen und Zahlungsbereitschaft für EE seitens der Konsumenten (Rowlands et al. 2002; MacPherson und Lange 2013).

Eine erste und indirekte Annäherung an die Frage, was Verbraucher motiviert, EE zu beziehen, kann die Antwort auf die Frage liefern, weshalb Privatleute ihr Erspartes in EE-Projekte investieren. Hier spielen ganz klar die Nachhaltigkeitsmotive für eine Investition eine bedeutende Rolle (vgl. den Überblick bei Friege und Voss 2015): Investitionen von Privatinvestoren sind demnach sowohl durch die Nachhaltigkeits- und Werteerwägungen motiviert als auch durch finanzielle Anreize. Eine ähnliche Motivationslage kann man auch für den Konsum ebendieser Privatinvestoren unterstellen.

Dies zeigt sich im Detail auch in einer umfassenden Literaturanalyse (vgl. den Überblick bei Herbes und Ramme 2014 sowie in Abb. 3.1). Grundsätzlich lassen sich die Motive von Verbrauchern in zwei unterschiedliche Gruppen einteilen: Zum einen sollen durch den Bezug tatsächliche Veränderungen erreicht werden, wie z. B. eine Begrenzung des Klimawandels. Zum anderen geht es auch darum, sich besser zu fühlen oder einen Statusgewinn zu erzielen.



C. Friege, C. Herbes, *Einführung in die Vermarktung Erneuerbarer Energien*, essentials, DOI 10.1007/978-3-658-11831-0_3

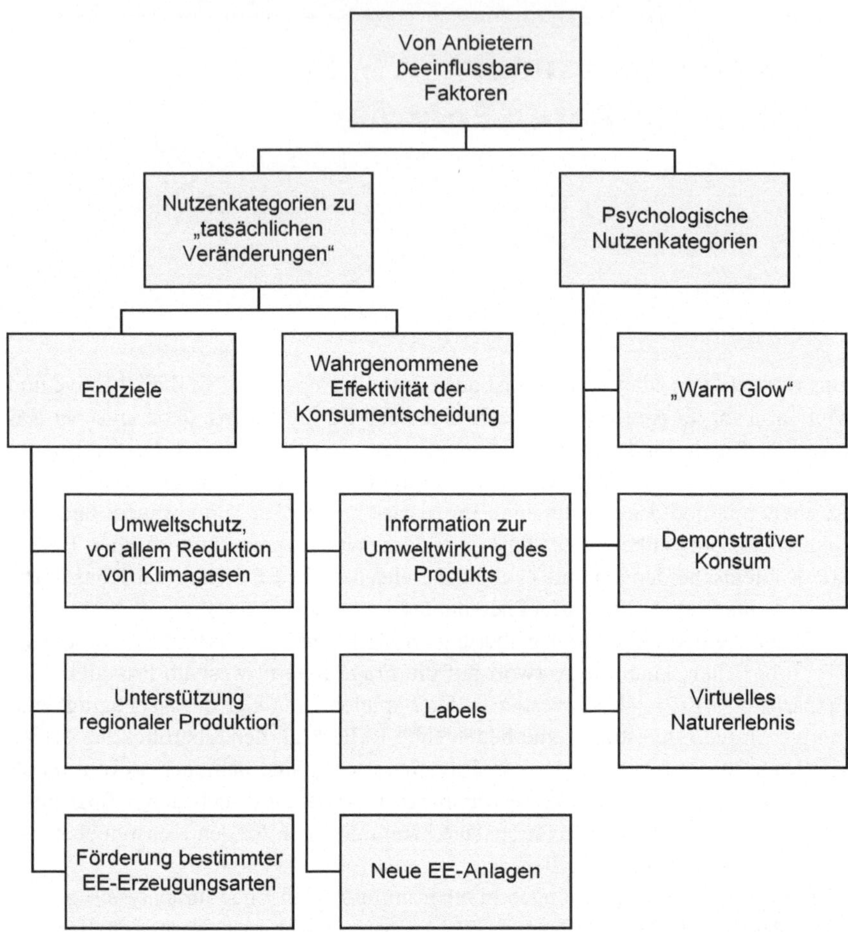


**Abb. 3.1** Übersicht über die Ziele von Käufern von EE-Tarifen. (Herbes und Ramme 2014, S. 259, eigene Übersetzung)

Ad (1): Tatsächliche Veränderungen

Verbraucher wollen Ziele bzw. Nutzen erreichen, die auf echte Veränderungen abzielen und von denen nicht nur sie selbst profitieren, sondern auch andere, und die deshalb zum Teil auch als „utilitarian benefits“ bezeichnet werden. Hier spielt Altruismus als Werthaltung eine Rolle (Litvine und Wüstenhagen 2011). Diese echten Veränderungen umfassen z. B. den Umwelt- und Klimaschutz, regionale Produktion oder auch die Förderung bestimmter EE-Erzeugungsarten. Gleichzeitig wollen die Konsumenten sichergehen, dass die von ihnen bezogenen EE-Tarife auch tatsächlich zur Erreichung der Ziele beitragen, ihre Kaufentscheidung also einen wirklichen Effekt hat („perceived consumer effectiveness"). Die Effekte ihrer Kaufentscheidung können Konsumenten anhand von Informationen über das EE-Produkt oder anhand von Labels beurteilen.

**Praxis-Beispiel: Atomausstieg Selber Machen**

Zahlreiche Umweltorganisationen haben sich zusammen getan, um über die Initiative „Atomausstieg Selber Machen" (www.atomausstieg-selber-machen.de) diese echte Veränderung zu unterstützen. Auf der Website wird u. a. ausführlich darüber informiert, welchen Kriterien Ökostrom genügen sollte, um wirklich zur Veränderung beizutragen.

Ad (2): Psychologischer Nutzen

Neben dem Nutzen aus den erwarteten tatsächlichen Veränderungen können Konsumenten auch sogenannte psychologische Nutzen aus ihrer Kaufentscheidung ziehen (Hartmann und Apaolaza-Ibanez 2012), zum Teil sind sie sich aber dieser Nutzenkategorien nicht so bewusst wie der oben genannten Ziele Umwelt- bzw. Klimaschutz. Trotzdem sind diese Nutzenkategorien wichtig. Eine davon ist der sogenannte „Warm Glow", also das gute Gefühl moralischer Überlegenheit aufgrund einer guten Tat. Eine zweite ist der soziale Distinktionsgewinn, der sich aus einem demonstrativen Konsum von EE ableitet. Für den „Warm Glow" ist eine Wahrnehmung der Konsumhandlung durch Dritte nicht nötig, für den demonstrativen Konsum aber ist sie entscheidend. Bei aller Werteorientierung muss allerdings auch konstatiert werden, dass der Durchschnitt der Grünstromtarife in Deutschland nur 2 % teurer ist als der entsprechende Graustromtarif und Verbraucher z. T. sogar eine Kostensenkung durch ihren Wechsel in einen grünen Tarif erreichen können (top agrar online 2012). Finanzielle Motive können also durchaus eine Rolle spielen.

Vermarkter von EE sollten sich das gesamte Zielportfolio ihrer (potenziellen) Kunden stets vor Augen führen und dieses in ihrem Marketing-Mix, vor allem in der Produkt- und Kommunikationspolitik, adressieren.

# Eigenschaften von EE und deren Auswirkungen auf die Vermarktung von EE

# 4

Worin begründen sich und welche Auswirkungen haben diese Eigenschaften von EE? Welche Rolle spielen dabei die beiden o. g. Elemente von Marketing 3.0, nämlich das Web und die Werteorientierung? Inwieweit kollidieren die Eigenschaften mit den Anforderungen der Kunden?

1. Commodities
   Commodities sind Güter, deren Qualität eindeutig definierten Kriterien unterliegt, die damit nicht differenziert und folglich fungibel, also untereinander austauschbar, sind. Typischerweise gibt es für Commodities Handelspunkte/ Börsen, an denen die Preise gebildet werden. Strom und Gas gehören zu den klassischen Commodities ebenso wie Treibstoffe; der Wärmemarkt ist aus den Commodity-Märkten für Energie abgeleitet.
   Die *Werteorientierung* führt nun dazu, dass bei EE nicht allein die definierte Beschaffenheit zählt, sondern der Herkunft der Energie entscheidende Bedeutung für die Kaufentscheidung des Kunden zukommt. Es geht also beispielsweise nicht mehr um die Commodities Strom oder Gas, sondern diese werden dadurch differenziert, dass sie aus erneuerbarer Primärenergie generiert wurden. Diese Differenzierung wird durch das *interaktive Web* unterstützt, indem einerseits detaillierte Informationen über die Energieproduktion vorgehalten werden und diese auch in den einschlägigen Communities diskutiert werden. Zudem ermöglicht das Internet eine ausführliche Darlegung der unterschiedlichen Zertifizierungen, durch die die Herkunft der EE garantiert wird (vgl. dazu Leprich et al. 2015).
2. Low-Involvement-Produkte
   Das Ausmaß, in dem ein Konsument sich mit einem Produkt auseinandersetzt, bevor die Kaufentscheidung getroffen wird, wird als Involvement bezeichnet und ist definiert als „... die Relevanz eines Objekts für eine Person, basierend



C. Friege, C. Herbes, *Einführung in die Vermarktung Erneuerbarer Energien*, essentials, DOI 10.1007/978-3-658-11831-0_4

auf deren Bedürfnissen, Werten und Interessen.“ (Zaichkowsky 1985, S. 342, Übersetzung durch die Autoren). Strom, Gas und Kraftstoffe werden gemeinhin als Low-Involvement-Produkte angesehen.

Aufgrund der *Werteorientierung* kann eine Differenzierung des Angebots nun nicht allein durch den Markenaufbau (wie etwa bei Mineralölkraftstoffen), sondern vielmehr durch die gesellschaftliche Positionierung des Produktes als ein Beitrag zur Eindämmung des Klimawandels, zu einer nachhaltigen Ressourcennutzung etc. erfolgen. Die „Weltverbesserung“ als Zielsetzung des Marketings 3.0 wird hier besonders deutlich. Die aktivierende Wirkung des *interaktiven Web* verstärkt diese Positionierung noch. So hat sich beispielsweise die Plattform utopia.de etabliert, die explizit „dazu beitragen [will], dass Millionen Menschen ihr Konsumverhalten und ihren Lebensstil nachhaltig verändern“ (Utopia 2014). Dort sind Foren zu vielfältigen Fragen insbesondere zu Energie und Energiebezug angesiedelt.

3. Vertrauensgüter

   Ökostrom und Biomethan sind Vertrauensgüter. Meffert et. al. (2015, S. 38 f.) definieren Vertrauenseigenschaften einer Dienstleistung oder eines Gutes wie folgt: „Hier kann der Nachfrager bestimmte Eigenschaften bzw. Qualitäten weder vor noch nach dem Kauf überprüfen, obwohl diese Eigenschaften für ihn wichtig sind und er hierfür auch einen entsprechenden Preis zu zahlen bereit ist.“ Dies trifft offensichtlich auch auf EE zu, denn der Verbraucher hat – über die Zertifizierung hinaus – keine Möglichkeit nachzuprüfen, ob die angegebenen Energiequellen tatsächlich genutzt wurden und welcher ökologische Zusatznutzen mit dem Kauf des Produkts tatsächlich erreicht wird. Ebenso verhält es sich mit der Nutzung von EE bei Verkehrsdienstleistungen, beim Angebot von Tourismusunternehmen (vgl. Gervers 2015) oder bei E-Mobilität (vgl. Ringel 2015). Stets ist der Kunde darauf angewiesen, dass die versprochene „grüne“ Leistung enthalten ist bzw. erbracht wird.

   Dulleck et al. (2011, S. 548) stellen in ihrer Studie zu Vertrauensgütern fest, dass ein signifikanter Anteil der Anbieter ohnehin ehrlich ist. Demgegenüber kommt der nachträglichen Verifikation der Eigenschaften eines Vertrauensguts – selbst da, wo es möglich wäre – keine besondere Bedeutung zu. Eine viel entscheidendere Rolle spielt die Haftung für die versprochene Leistung – diese wird bei EE im Wesentlichen durch Reputation ersetzt.

   Grundsätzlich ist ein *werteorientiertes Marketing* besser geeignet, dieses notwendige Vertrauen aufzubauen. Wertefokussierte Unternehmen werden ihre Ausrichtung und Positionierung nämlich so konstruieren, dass Mission, Vision und Werte derart konsistent sind, dass ein Abweichen mit hohem Reputationsverlust verbunden wäre und somit Anreize bestehen, den selbst auferlegten Wertekanon einzuhalten. Die dabei notwendige Transparenz wird durch die soziale Kontrolle des *interaktiven Web* sichergestellt und das Reputationsrisiko als Garant des Wohlverhaltens erhöht.

4. Partiell öffentliche Güter
   Der Klimaschutzaspekt macht EE partiell zu öffentlichen Gütern: Unterstellt man, dass je mehr EE nachgefragt werden, desto mehr EE produziert werden und somit umso mehr $CO_2$-Ausstoß vermieden wird, was wiederum dazu beiträgt, den Klimawandel zu verlangsamen, so profitieren von jeder Kaufentscheidung eines Einzelnen für EE-Produkte alle Menschen, auch die Nichtkäufer. Das fördert Trittbrettfahrerverhalten und führt letztlich zu einem suboptimalen Marktergebnis (vgl. z. B. Menges und Beyer 2015).
   *Werteorientierung* in der Vermarktung und seitens der Kunden wirkt diesem Trittbrettfahrerverhalten entgegen, und die Motivation, bewusste und sozial verantwortungsvolle Kaufentscheidungen zu treffen, wird durch das Herausstellen der Werte des Unternehmens, v. a. wenn diese grundsätzlich den Werten der Zielkunden entsprechen, gefördert. Auch der psychologische Nutzen des „Warm Glow", also des positiven, anderen überlegenen Gefühls der guten Tat, ist wertebasiert.
   Das *interaktive Web* erleichtert in erheblicher Weise die Generierung eines weiteren psychologischen Nutzens aufseiten der Konsumenten durch demonstrativen Konsum. Es ist also nicht nur die soziale Kontrolle, sondern auch die Selbstdarstellung des umweltbewussten Kaufs in besonderer Weise durch das Internet und die sozialen Medien erleichtert (vgl. zu EE als Inputfaktoren nachstehend Kap. 6).
5. Doppelt erklärungsbedürftige Güter
   Es überrascht auf den ersten Blick, dass EE hier sowohl als Commodities als auch als erklärungsbedürftige Güter charakterisiert werden, weil sich diese beiden Zuschreibungen zu widersprechen scheinen. Es ist die Herkunft, die differenzierend wirkt (s. o.) und damit auch die Erklärungsbedürftigkeit zur Folge hat. Und zwar in zweierlei Hinsicht: Zunächst sind die grundlegenden Eigenschaften des Produkts zu erläutern, insbesondere die Herkunft und damit zusammenhängende Herkunftsnachweise und Zertifikate, aber ggf. auch weitergehende direkt produktbezogene Fragen (z. B. über einen Anschluss an ein Nahwärmenetz) zu beantworten. Daneben stellt sich auf einer zweiten Ebene stets die Frage nach der Wirkung der Kaufentscheidung auf umfassendere Ziele, etwa die Umsetzung der Energiewende oder die Eindämmung des Klimawandels (vgl. Friege 2015a). Hinzu kommt, dass für den Konsumenten auf den ersten Blick z. T. gar nicht erkennbar ist, welche Produkte tatsächlich EE-Anteile aufweisen. So gibt es im Erdgasmarkt zahlreiche „Klimagastarife", die überhaupt keinen Biomethananteil aufweisen, sondern einen Umweltschutzeffekt auf andere Weise erzielen.

Diese zweite Ebene der Erklärungsbedürftigkeit erfordert geradezu die im Marketing 3.0 postulierte *Werteorientierung*. Sie wirkt dadurch differenzierend und bietet insbesondere Ansatzpunkte für die Produkt- und Kommunikationspolitik. Verstärkend wirkt wiederum das *interaktive Web*, das nicht allein das Wissen und den Austausch der Zielkunden erleichtert, sondern auch die – zum Teil sicherlich nicht trivialen – Erläuterungen des Anbieters transportiert.

6. Prosumer-Güter
Gerade EE werden zunehmend gleichzeitig von den Endkunden der Energieversorger produziert und konsumiert und stellen damit ein typisches Prosumer-Gut dar (vgl. ausführlich Huener und Bez 2015). Aber nicht nur als Individuen oder Haushalte, die selbst Energie erzeugen, treten Konsumenten als Prosumer auf. Als Mitglieder von Bürgerenergiegenossenschaften erzeugen inzwischen Hunderttausende von Menschen in Deutschland gemeinschaftlich EE. Das wird die Energiewirtschaft fundamental verändern (vgl. Schlemmermeier und Drechsler 2015), aber eben auch an die Vermarktung von EE neue Anforderungen stellen. Besonders in der Übergangszeit zwischen einer hohen Subventionierung von EE, die bis zum EEG 2014 prägend war (vgl. Kramer 2015), und der sich nun deutlich – etwa im neuen EEG, aber auch in den Diskussionen über das beste Strommarktdesign (vgl. Schlemmermeier und Drechsler 2015) – abzeichnenden Hinwendung zu mehr Markt und neuen Marktmodellen sind viele Entscheidungen, und dabei gerade Kaufentscheidungen zu EE, eben auch durch die dahinterstehende *Werteorientierung* geprägt. Warum? Im Vergleich zur Situation vor einigen Jahren werfen Investitionen von Privathaushalten in Photovoltaikanlagen heute eher geringe Renditen ab. Finanzielle Ziele allein reichen also immer weniger als Investitionsmotiv aus, und werteorientierte Ziele wie Umwelt- und Klimaschutz sowie stärkere Unabhängigkeit von großen Energieversorgern werden wichtiger. Auch in Bürgerenergiegenossenschaften sind die von den Mitgliedern erzielten Renditen häufig gering (vgl. Debor 2014), und Werthaltungen wie Umwelt- und Klimaschutz spielen bei der Beitrittsentscheidung eine wichtige Rolle.
Und hier erfordert die Vermarktung ein Zusammentreffen von vergleichbaren Werten bei Anbieter und Nachfrager. Dabei wirkt wiederum das *interaktive Web* verstärkend als Kommunikations- und Interaktionsplattform. Vor allem ist es aber auch die technologische Plattform für die informatorische Vernetzung der Energieverteilnetze, die eine entscheidende Komponente von Smart Grids und der dazu gehörenden Steuerung von Demand- und Supply Side ist.

Als erstes Fazit der vorgetragenen Argumentation kann festgehalten werden, dass die sechs herausgestellten Eigenschaften von EE kennzeichnend und für die Vermarktung relevant sind. Zudem zeigt sich in vielfältigen Aspekten, dass das Marketingverständnis, das Kotler et al. (2010) als Marketing 3.0 beschrieben haben, insbesondere durch die Werteorientierung und das interaktive Web, für die Vermarktung von EE besonders geeignet erscheint. Nicht überraschend finden also ein modernes, durch unsere gesellschaftliche Realität geprägtes Marketingverständnis und die aus dieser Realität entspringende Herausforderung, mit EE eine fundamental neue Kategorie von Produkten zu vermarkten, vielfältig zueinander.

# Marketing-Mix für EE 5

Nachdem Marketing 3.0 als geeignetes grundsätzliches Marketingverständnis für die Vermarktung von EE identifiziert und für die konzeptionelle Darstellung der Vermarktung sechs wesentliche Eigenschaften von EE beschrieben wurden, soll es nun darum gehen, die wichtigsten, allen EE gemeinen Ausprägungen der „4 P" zu erarbeiten und dabei die Motivation der Nachfrage nach EE zu berücksichtigen (vgl. Abb. 5.1).

## 5.1 Produktpolitik für EE

Auf die wesentliche Bedeutung der Herkunft des Ökostroms, des Biomethans, der Wärme etc. bei der Konfiguration von EE-Produkten ist bereits verwiesen worden. Die Herkunft wird dabei überwiegend nachgewiesen durch 1) Zertifikate und 2) die detaillierte Darstellung des Kraftwerkparks im Internet.

1. Zertifikate bzw. Gütesiegel haben mehrere Funktionen (vgl. Manta 2012, S. 8–10, sowie Leprich et al. 2015):
   a. Dem Commodity Strom bzw. Gas werden spezifische Eigenschaften zugeordnet, die zu einer „De-Commoditization", d. h. zu einer Differenzierung des Produkts führen.
   b. Der Nachfrager hat die Möglichkeit, nunmehr anhand seiner Präferenzen zwischen unterschiedlichen Produktausprägungen zu wählen.
   c. Das Zertifikat/Gütesiegel belegt die zugesicherten Eigenschaften.
   Zertifikate haben eine Wechselwirkung mit dem Grad des Involvements der Kunden. Manta (2012, S. 37) konnte in ihrer Studie zeigen, dass Gütesiegel umso bedeutender sind, je geringer das Involvement der Kunden ist und in ihrer Bedeutung auch Produktmerkmale übertreffen. Insgesamt wurde für



C. Friege, C. Herbes, *Einführung in die Vermarktung Erneuerbarer Energien*, essentials, DOI 10.1007/978-3-658-11831-0_5

| | Produktpolitik | Preispolitik | Distributions-politik | Kommunika-tionspolitik |
|---|---|---|---|---|
| **Commodities** | • Differenzierung durch Herkunft<br>• Differenzierung der Leistung und der Kundenbindung | • Hohe Preistransparenz | • Differenzierung durch Vertriebskanäle | • Markierung<br>• Entscheidend für Differenzierung von Commodities |
| **Low-Involvement-Produkte** | • Involvement steigernde Produkt-komponenten<br>• Zertifikate | • Hohe Preis-sensibilität | • Direktvertrieb oder Onlinevertrieb – viele klassische Kanäle problematisch | • Identifikation von Kommunikations-anlässen entscheidend |
| **Vertrauens-güter** | • Herkunft definiert das Produkt Zertifizierung Reputations-einsatz | • Wettbewerbs-preis | • Direktvertrieb, Onlinevertrieb oder Freund-schaftswerbung –immer Vertrauen im Fokus | • Markenaufbau<br>• Empfehlung von Umwelt-verbänden<br>• Sponsoring von Klimaschutz-projekten |
| **Partiell öffentliche Güter** | • Produkt muss Abgrenzung zu Trittbrettfahrern ermöglichen | • Preisbereit-schaftdurch Trittbrettfahrer-verhalten begrenzt | • Überzeugung der Käufer zur Abgrenzung zu Trittbrettfahrer-verhalten | • Nutzen für Käufer und für Allgemeinheit kommunizieren |
| **Doppelt erklärungs-bedürftige Güter** | • Höhere Komplexität | • Differenzierung durch zweite Nutzenebene | • Geeignet für Direktvertrieb | • Unterschiedliche Perspektiven ermöglichen zusätzliche Kommunikation |
| **Prosumer-Güter** | • Stark von EE-Regulierung abhängig<br>• Komplexität durch Unsicher-heitüber die Zukunft | • Führt zu deutlich geringerer Preistransparenz | • Innovative Distributions-kanäle | • Komplexe Kommunikations-herausforderung |

**Abb. 5.1** Marketing-Mix für EE. (Quelle: Friege und Herbes 2015, S. 13)

Grünstrom allerdings in vergangenen Studien eine relativ geringe Bedeutung von Zertifikaten für die Kaufentscheidung der Kunden festgestellt (vgl. Kaenzig et al. 2013). Auch gibt es Forschung, die zeigt, dass Konsumenten die gängigen Labels im Grünstrommarkt, mit Ausnahme des TÜV-Labels, kaum kennen (vgl. Mattes 2012). Anbieter von grünen Energien setzen diese Erkenntnis aus der Grünstrommarktforschung heute schon um und nutzen Labels eher selten. Bei einer Untersuchung von Online-Grünstromangeboten waren es nur 12 % der Produkte (Herbes und Ramme 2014).

**Praxis-Beispiel: Gütesiegel für das Energiewendeunternehmen – nicht nur für das Produkt**

Unternehmen und Zertifizierer haben kürzlich erstmals ein Gütesiegel präsentiert, das nicht mehr das Produkt prüft, sondern den Anbieter insgesamt. Als „Wegbereiter der Energiewende" wird Unternehmen bestätigt, dass die „Ziele und Anforderungen der Energiewende nicht nur in der Unternehmenspolitik fest verankert sind, sondern auch in der Praxis konsequent angewandt werden" (TÜV Süd 2014). Hier wird die Werteorientierung des Unternehmens zertifiziert, sozusagen als „Garantiert Marketing 3.0", und es wird immer deutlicher, dass es letztlich die Reputation des Anbieters ist, die die zugesicherten Eigenschaften absichert.

2. Darstellung des Kraftwerkparks Online
   Das Angebot von Ökostrom wird gelegentlich durch eine detaillierte Darstellung des genutzten Kraftwerkparks auf der Website des Anbieters unterstützt. Dabei erscheint die Transparenz hier prima facie bei „reinen Ökostromanbietern" größer zu sein als bei Anbietern von grünem und grauem Strom (Friege und Herbes 2015, S. 14 f.). An anderer Stelle geben sich die Anbieter aber noch verschlossen. Bei Biomethan-basierten Gasprodukten kann die Herkunft des Biogases für die Konsumenten eine entscheidende Rolle spielen. Dies deshalb, weil in den letzten drei Jahren in Deutschland eine heftige Debatte um Energiepflanzen für die Biogasproduktion, insbesondere um den Anbau von Mais, geführt wurde. Konsumenten, die, wie viele Bürger, den Energiepflanzenanbau ablehnen, möchten wissen, woher das dem Produkt zu Grunde liegende Biogas stammt: aus Energiepflanzen oder aus der Abfallverwertung. Nur eine Minderheit der Anbieter von Biomethan-basierten Gasprodukten gibt aber die Herkunft des Biogases an.
   Die potenzielle Bedeutung dieser Transparenz ergibt sich aus Ergebnissen einer Befragung des Bundesumweltamtes (UBA 2014). So beschaffen beispielsweise von 100 Nutzern von Herkunftsnachweisen nur 27 diese gekoppelt mit der physikalischen Lieferung, die anderen kaufen Graustrom aus konventionellen Kraftwerken und beschaffen die Herkunftsnachweise, um diesen zu „grünen"

anderweitig (S. 60). Von diesen 27 gaben wiederum zwei an, ihren Strom über die EEX einzudecken (S. 64), offensichtlich ist so allerdings der gekoppelte Erwerb kaum möglich, die Anbieter riskieren hier ggfs. ihre Reputation.

Entscheidend für die Produktkonfiguration ist die Frage, ob und, wenn ja, welchen ökologischen Zusatznutzen man anbieten möchte (vgl. dazu ausführlich Leprich et al. 2015). Nicht alle Zertifikate bieten dieselben Anforderungen. Vor allem aber ist es möglich, bei den Verbrauchern gut angesehene Zertifizierungen zu erreichen, ohne dass der Bezug von Ökostrom zu zusätzlichen Kraftwerksinvestitionen führt oder in anderer Weise die Energiewende beschleunigt. Das ist etwa der Fall, wenn der grüne Strom ausschließlich in alten Wasserkraftwerken generiert wird, die ohnehin und zum Teil seit mehr als 100 Jahren betrieben werden – ein Vorgehen, das viele engagierte Befürworter der Energiewende kritisch beurteilen (vgl. z. B. Geiger 2011). Eine andere Möglichkeit, einen ökologischen Mehrwert zu erreichen, ist die Förderung von Umweltschutzprojekten durch den Bezug eines bestimmten Tarifs. So geben die Anbieter für 17 % von den von Herbes und Ramme (2014) untersuchten Grünstromtarifen an, damit Umweltschutzprojekte zu unterstützen, die nichts direkt mit der Grünstromerzeugung zu tun haben. Beispielsweise werden bei Bodensee Energie (2015) durch den Anbieter Klimaschutzprojekte in Südamerika unterstützt. Zusätzlich ist die o. a. Unternehmenszertifizierung ein interessanter Ansatz, durch den die Konsumenten eben besser erkennen können, wer es wie ernst mit der Energiewende als Energieanbieter meint.

Diese produktpolitischen Maßnahmen zielen alle auf eine Differenzierung der Produktleistung ab. Daneben verweisen Enke et al. (2011, S. 16 ff.) darauf, dass eine De-Commoditization auch durch überlegene Kundenbeziehungen möglich ist. Dies ist selbstverständlich auch beim Angebot von EE ein möglicher Ansatz zur weiteren Produktdifferenzierung.

**Praxis-Beispiel: Überlegene Kundenorientierung stärkt Produktdifferenzierung**

Der Ökoenergieanbieter LichtBlick hat einen solchen Ansatz „Produktdifferenzierung durch Kundenbeziehungen“ dokumentierbar umgesetzt, indem das Unternehmen aufgrund seiner überlegenen Kundenorientierung[1] – neben vielen

[1] Diese basiert auf vielfältigen Maßnahmen, von denen die wesentlichen eine durchgehende Fokussierung aller Geschäftsprozesse auf die Bedürfnisse der Kunden, das im Unternehmen sichtbare Engagement des Vorstandes für diesen Ansatz der Kundenorientierung und ein besonderes Empowerment der Mitarbeiter im direkten Kundenkontakt gewesen sind (Friege 2010).

anderen Auszeichnungen – die Spitzenposition unter allen Energieversorgern, auch solchen, die Strom unbekannter Herkunft vertreiben, im Deutschen Kundenmonitor im sechsten Jahr in Folge erreichen konnte (LichtBlick 2014).

Alle diese Produktmerkmale führen letztlich zu einer höheren Komplexität, die dann in der doppelten Erklärungsbedürftigkeit von EE-Produkten resultiert. Diese Komplexität vergrößert sich weiter, wenn die EE zunehmend als Prosumer-Güter (Huener und Bez 2015) marktfähig werden. Dann geht es nicht mehr allein um den Vertrieb von Ökostrom, nachhaltig erzeugter Wärme oder Biomethan, sondern deren Erstellung in der wirtschaftlichen Verantwortung des Kunden – oder im Contracting (Klöpfer und Klimczak 2015) – wird Teil des Produktangebots. Hier sei nur auf die große Unsicherheit, die aus den regulatorischen Rahmenbedingungen und dem technologischen Fortschritt erwachsen, verwiesen, deren Auswirkungen in geeigneter Form bei der Produktkonzeption mit berücksichtigt werden müssen. So wird man versuchen, Kostenrisiken bei Inputstoffen durch Vereinbarung von Preisindizes einzugrenzen und Verweise über die Behandlung wesentlicher Rechtsänderungen in die Verträge aufnehmen, soweit bei diesen kein Bestandsschutz gewährt wird.

Insgesamt ist die Produktpolitik für EE dominiert durch die Produktkomponente „Herkunft der Energie“ und deren Dokumentation den Kunden gegenüber, idealerweise als transparenter ökologischer Zusatznutzen. Mit steigender Bedeutung der Prosumer als Abnehmer wird dazu die Herausforderung treten, sehr komplexe Produkte durch geeignete Gestaltung erklärbar und damit auch vermarktbar zu machen.

## 5.2 Preispolitik für EE

Betrachtet man die Einträge in der Spalte „Preispolitik“ in Abb. 5.1, so könnte man zunächst Widersprüche vermuten. Eine hohe Preistransparenz aus der Commodity-Eigenschaft wird gemindert durch die Zunahme der Prosumer-Güter innerhalb der EE. Das ist an sich plausibel, denn die Differenzierbarkeit von Kombinationen aus Erzeugung und Verbrauch ist – bei aller Arbeit an Zertifikaten und offen gelegten Erzeugungsparks – fraglos größer.

Interessanter hingegen sind die Auswirkungen der EE-Eigenschaften „Low-Involvement-Produkt“ und „Vertrauensgut“, bei denen der Preis eine größere Rolle spielt als viele andere Merkmale: Aus unterschiedlichen Gründen steht in beiden Fällen der Preis besonders im Fokus bei der Kaufentscheidung. Bei Low-Involvement-Produkten ersetzt der Preis als einfacher Indikator die Auseinandersetzung mit Marke und Produkt für die Kaufentscheidung, bei Vertrauensgütern bestimmen

Reputation des Anbieters und mehr noch der Wettbewerb den Preis und den Umfang, in dem überhaupt ein Markt für die Vertrauensgüter entsteht, verglichen mit dem Einfluss, den eine nachträgliche Überprüfbarkeit der zugesicherten Eigenschaften oder eine Haftung für die Leistungsqualität haben. Dies haben Dulleck et al. (2011) in einem umfangreichen Experiment herausgearbeitet. Hier kommt für die Preispolitik die Frage nach dem ökologischen Zusatznutzen als zweites Erklärungsproblem eines EE-Produkts ebenso zum Tragen wie die in der Produktpolitik erreichte Differenzierung, wenn man ein Preispremium mit dem EE-Angebot erzielen will.

Die aktuelle Forschung zur Zahlungsbereitschaft für EE ist vor allem von methodischen Diskussionen geprägt. Dies rührt daher, dass Studien zu Zahlungsbereitschaften regelmäßig ermutigende Ergebnisse präsentieren, der tatsächliche Wechsel von Konsumenten in hochwertige Ökostromtarife dahinter jedoch weit zurückbleibt (Rowlands et al. 2002; Kaenzig et al. 2013; Stigka et al. 2014).

In der Untersuchung von A. T. Kearney (2012; vgl. Abb. 5.2) werden für die Jahre 2011 und 2012 die Handlungsspielräume deutlich. Als „reine Ökostromanbieter" werden LichtBlick, Tchibo[2], Naturstrom und EWS analysiert. Betrachtet man den hier erhobenen Preis, so erzielt der reine Ökostromanbieter für einen Durchschnittshaushalt (Verbrauch 3500 kWh) jährlich einen Preisaufschlag gegenüber dem Stadtwerk von 120 EUR bzw. gegenüber dem Discountanbieter von 125 EUR in 2012 und leicht darunter 80 bzw. 100 EUR im Jahr 2011.

Unterstellt man, dass die Kosten für Herkunftsnachweise ca. 4 EUR pro MWh für 2012 gewesen sind (vgl. Abb. 5.3; das betrifft neuere österreichische Wasserkraft), so wird deutlich, dass für den in Abb. 5.2 als Berechnungsgrundlage angenommenen Verbraucher zunächst maximal eine Kostendifferenz von 14 EUR entstehen konnte. Es zeigt sich also, dass eine ökologische Ausgestaltung des EE-Produkts nicht nur zu einem erzielbaren Preisaufschlag führen kann, sondern auch relativ profitabler ist. Andererseits sind die in Abb. 5.3 dargestellten Preisdifferenzen zwischen Ökostrom und Graustrom von Discountanbietern so gering, dass man wohl unterstellen kann, dass hier eher die alte norwegische Wasserkraft mit anzulegenden Kosten für die Herkunftsnachweise von unter 1 EUR für die Berechnung in Abb. 5.2 zum Einsatz gekommen ist.

In der Tat vergleicht das Umweltbundesamt in seiner Studie (Abb. 5.3) die Kosten der Herkunftsnachweise indikativ mit den Kosten für einen Umbau des Energiesystems – repräsentiert durch das schwedisch-norwegische Zertifikatesystem

[2] Das Kaffee- und Handelshaus bietet seit 2010 Ökostrom an, der ok-power bzw. TÜV zertifiziert ist, ohne jedoch Herkunftskraftwerke zu nennen. Das angebotene „klimaschonende Gas" entsteht durch eine vollständige Kompensation des $CO_2$-Ausstoßes durch Gold Standard Zertifikate. (Tchibo 2014).

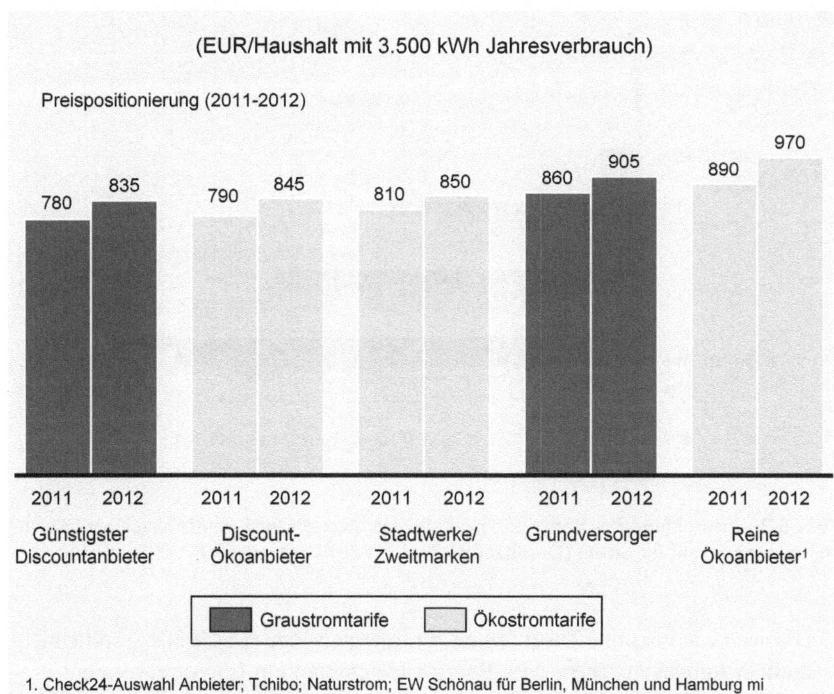


**Abb. 5.2** Preisvergleich Ökostromanbieter. (Quelle: A.T. Kearney 2012, S. 27)

elcert und die EEG-Umlage – und kommt zu dem Schluss: „Unter diesen Voraussetzungen dürfen die Endkunden nicht damit rechnen, dass die Wahl eines Ökostromtarifs zur Finanzierung des Ausbaus der Erneuerbaren Energien beiträgt." (UBA 2014, S. 146).

Insgesamt werden die hohen Preisaufschläge der Vergangenheit dauerhaft nicht erreichbar sein. Für diese Sicht sprechen:

- Zunehmendes Angebot an EE, die durch die Fokussierung des EEG immer marktfähiger werden.
- Preisbereitschaft ist durch potenzielle Trittbrettfahrer begrenzt – je höher die Differenz zwischen „Marktpreis" ohne ökologischen Zusatznutzen und EE-Preis ist, umso mehr wird die Eigenschaft von EE als partiell öffentliches Gut zum Tragen kommen.

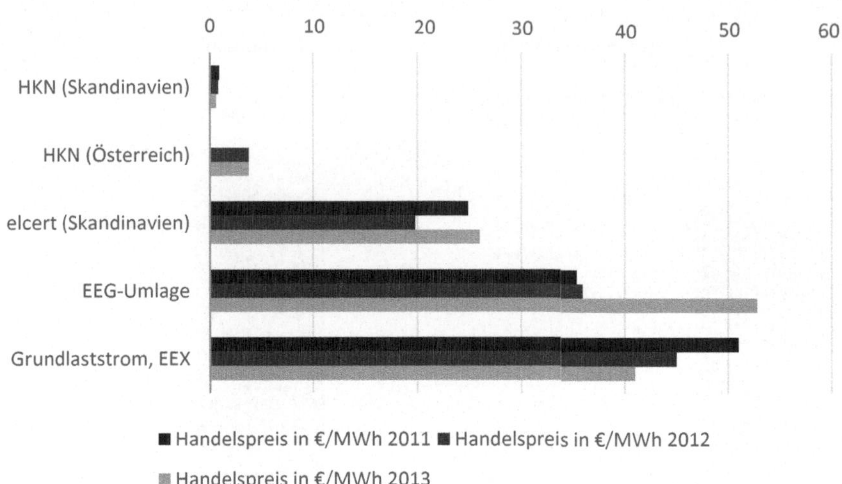


**Abb. 5.3** Entwicklung der Preise für Herkunftsnachweise (zur Stromkennzeichnung), für Fördersysteme und für Strom (Großhandel) 2011 bis 2013. (Quelle: UBA 2014, S. 146)

- Die nach wie vor hohe Zustimmung zur Energiewende (Losse 2014) sollte nicht darüber hinwegtäuschen, dass Energie gleichwohl ein Low-Involvement-Produkt bleibt und damit die Preisbereitschaft begrenzt ist.
- Dazu kommt, dass nach wie vor die Onlineportale, die ausschließlich preisgetrieben agieren, einen erheblichen Marktanteil halten: „Bereits 80 % der Haushaltskunden informieren sich über ein Vergleichsportal und nahezu 50 % führen einen Wechsel online aus." (A.T. Kearney 2012, S. 3).

Die Anbieter sollten allerdings die Möglichkeiten nutzen, die die Forschung zur Zahlungsbereitschaft für Grünstrom aufgezeigt hat. Auch wenn nicht immer die Ergebnisse aller verfügbaren Studien zum selben Ergebnis kommen, ist im Überblick doch erkennbar, welche Eigenschaften die Zahlungsbereitschaft erhöhen (s. Abb. 5.4). So kann durch die gezielte Beimischung von Solarstromanteilen möglicherweise eine höhere Zahlungsbereitschaft ausgelöst werden, die die Kosten des Solarstromanteils übersteigt. Auch das Involvement der Kunden kann gesteigert werden, indem man ihnen einen demostrativen Konsum ermöglicht, etwa durch das Angebot von Merchandizing-Artikeln, die sie als EE-Nutzer ausweisen. So erhalten LichtBlick-Neukunden eine einfache Stofftasche mit Logoaufdruck, die bei den Kunden sehr beliebt ist (LichtBlick 2015).

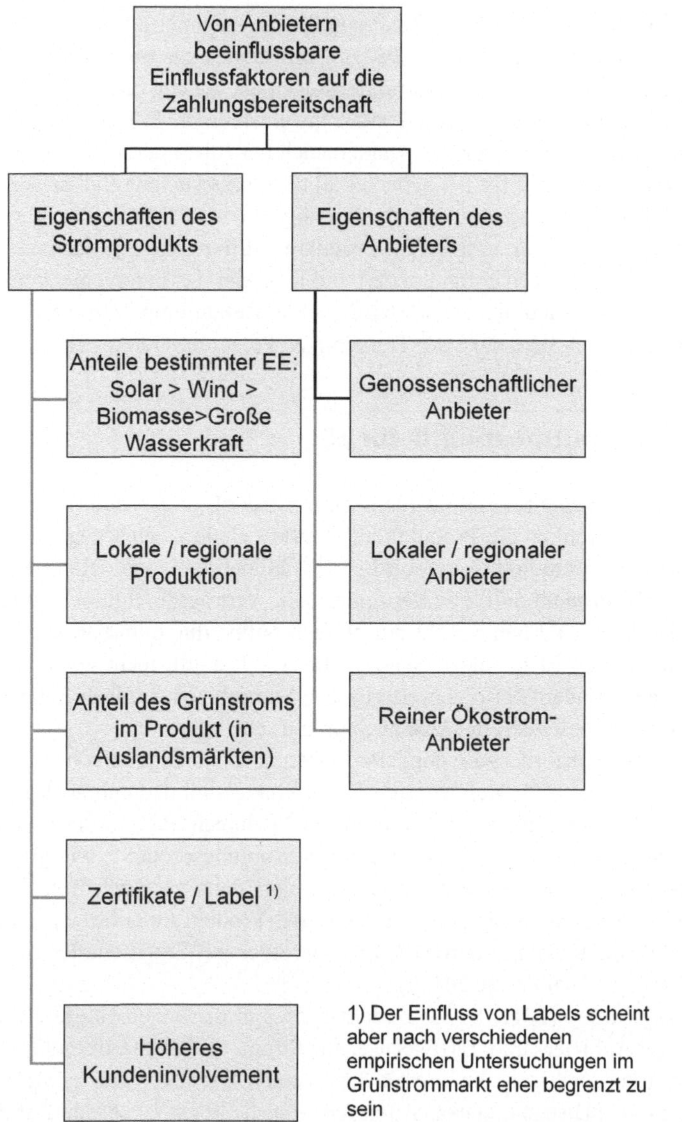


**Abb. 5.4** Eigenschaften von Grünstromprodukten, die die Zahlungsbereitschaft der Konsumenten erhöhen. (eigene Darstellung angelehnt an Tab. 1 in Herbes et al. 2015)

Bei Biomethan ist die Preisgestaltung für die Anbieter anspruchsvoller als bei EE-Strom, da die Produktions- bzw. Einkaufskosten für Biomethan je nach den eingesetzten Produkten erheblich höher liegen als die für Erdgas. Anders als bei EE-Strom liegen die Mehrkosten nicht im einstelligen Prozentbereich, sondern können bei 100 %-Biomethan-Produkten auch bei 100 % und mehr liegen.

Für die Preispolitik für EE bedeutet all dies, dass sie unmittelbar der Produktpolitik folgt: Je transparenter sich das angebotene EE-Produkt im relevanten Markt, auch gegenüber anderen EE-Produkten, differenziert, je nachvollziehbarer der ökologische Nutzen kommuniziert und je größer das Involvement des Kunden gestaltet werden kann, umso eher wird auch in Zukunft ein Preisaufschlag erzielbar sein. Hilfreich wird dazu der Trend hin zu Prosumer-Gütern wirken.

## 5.3 Distributionspolitik für EE

Die Distributionspolitik folgt in gewisser Weise der Produkt- und Preispolitik (vgl. Abb. 5.1): Je stärker die Produktkonfiguration einen – auch gegenüber Grundversorgern in Strom und Gas – wettbewerbsfähigen Preis ermöglicht, umso mehr wird das EE-Produkt online zu vertreiben sein. Vertragsabschlüsse und umfassende Erklärungen sind heute nicht nur einfach online durchführbar, sondern dieser Distributionsweg ist geradezu State of the Art. Das gilt nicht allein für Strom-/Gasverträge, sondern beispielsweise für den Vertrieb von Aufdach-Solaranlagen in den US, der in besonderem Maße auch online stattfindet.

Gleichzeitig erfordert die doppelte Erklärungsbedürftigkeit von EE-Produkten das Gespräch mit dem Kunden, und EE-Produkte sind dadurch auch für den Direktvertrieb bestens geeignet – sowohl das Prosumer-Gut „Aufdach-Solaranlage zur partiellen Eigenversorgung“ als auch Versorgungsprodukte wie grüner Strom und Ökogas. Dieser Vertriebsweg ist besonders dann geeignet, wenn der ökologische Zusatznutzen ausgeprägt ist, wenn das Produkt komplex wird oder wenn andernfalls die Response durch die Low-Involvement-Eigenschaften nicht hinreichend ist (vgl. dazu Friege 2015a).

A. T. Kearney (2012, S. 33) berichtet, dass in der ersten Hälfte 2012 gut die Hälfte der Anbieter- und Tarifwechsel für Strom- und Gastarife online durchgeführt wurden, mehr als ein Viertel durch einen Direktvertrieb erfolgte und der nächst größere Distributionskanal Telefonvertrieb mit gut 10 % Anteil ist. Letzterer wird aufgrund der restriktiven Gesetzgebung in Deutschland im Wesentlichen auf den Tarifwechsel bei demselben Anbieter beschränkt sein.

Allerdings ist neben den dominierenden Kanälen Online- und Direktvertrieb als wichtiger Vertriebskanal noch die Freundschaftswerbung (Kunden werben Kunden) zu nennen. Diese führt zwar nur bei einem hohen Kundenbestand zu absolut hohen Zuwächsen. Sie ist aber gleichzeitig eine dauerhafte und kostengünstige Werbeform. Und wenn das Marktforschungsinstitut YouGov feststellt: „Fast 20 % der Kunden geben derzeit an, sich in den vergangenen zwei Wochen mit anderen über EWS Schönau unterhalten zu haben. Bei anderen Unternehmen sind es maximal halb so viele." (Geißler 2014), kann man eben auch unterstellen, dass sich das auf die Freundschaftswerbung positiv auswirkt.

Gegenüber den drei Kanälen Online, Direktvertrieb und Freundschaftswerbung fallen alle übrigen in ihrer Effizienz und Effektivität ab: Telefonvertrieb ist rechtlich stark eingeschränkt, Direktmail hat meist zu geringe Responsequoten, Anzeigen-, Plakat-, Radio- und Fernsehwerbung führen selten zu befriedigenden messbaren Ergebnissen.

Schließlich ist darauf zu verweisen, dass sich für komplexere EE-Produkte, die als Prosumer-Güter zu kennzeichnen sind, in der Zukunft vermutlich innovative Multikanaldistributionen herausbilden werden, wobei eine breit anwendbare Konfiguration noch gefunden werden muss. Kunden erwarten heute, dass sie jederzeit online Informationen erhalten können, dass sie online bestellen können, aber eben auch, dass sie persönliche Interaktionsmöglichkeiten haben. Daher werden zunehmend Distributionsstrategien relevant, die sich auf zwei oder auch mehr parallele Kanäle stützen und so umfassend Kunden erreichen (Friege 2015b).

Damit erweist sich auch die Distributionspolitik für EE als perfekt zu Marketing 3.0 passend: Vertrieb von EE ist wertegetrieben, und diese Überzeugung wird persönlich (Direktvertrieb, Freundschaftswerbung) oder über das interaktive Web (Onlinewerbung, Verankerung in den sozialen Medien) übermittelt. Dabei steht das Vertrauen in den Vertriebsmitarbeiter, den empfehlenden Kunden und in die angebotene Leistung immer im Vordergrund mit der Versicherung, dass ein seriöser Anbieter den Reputationsverlust nicht riskieren wird.

## 5.4 Kommunikationspolitik für EE

Ein entscheidendes Instrument zur De-Commoditization ist das Markenmanagement, das selbstverständlich über alle Komponenten des Marketing-Mix implementiert werden muss und hier doch im Rahmen der Kommunikationspolitik angeführt wird. Warum? Weil gerade im Kontext von EE entscheidend für die Wahrnehmung der Differenzierung der Leistung deren zielgruppengerechte Kommunikation ist. Wiedmann und Ludewig (2011) erarbeiten beispielsweise für ein Stadtwerk eine Markenpositionierung und fassen das Erarbeitete als „Corporate Branding Story" (S. 106) zusammen, sodass die Kommunikationspolitik hier den entscheidenden Anteil an der Markenpositionierung hat.

**Praxis-Beispiel: Mineralölindustrie: Premiumkraftstoffe**

Große Markentankstellen bieten erfolgreich Premiumkraftstoffprodukte an, die etwa 5 bis10 Cent pro Liter teurer sind als „Basis"-Diesel bzw. Superbenzin derselben Marke. Dabei wurden zur Markenpositionierung eingesetzt: Werbung, Testimonials, Sponsoring, Kundenmanagement (Möller und Roltsch 2011, S. 465 ff.). Als Skizze übertragen auf EE wird man hier Motorsport-Sponsoring ersetzen durch Förderung von Klimaschutzprojekten oder Testimonials von Formel-1-Piloten ersetzen durch Empfehlungen von Umweltverbänden.

In der transparenten Darstellung der EE-Produkte und des anbietenden Unternehmens ist der Aufbau von Vertrauen ein entscheidendes Ziel, was heute mehr denn je eine Folge der wahrheitsgetreuen, vollständigen und transparenten Kommunikation ist (vgl. Friege 2010). Dazu gehört unter anderem, den Nutzen für den Käufer, aber auch für die Allgemeinheit herauszustellen, um das Trittbrettfahrerverhalten zu begrenzen (vgl. Abb. 5.1).

Anders als bei vielen anderen Produkten wird die Kommunikation der Anbieter durch eine z. T. sehr rege politische und öffentliche bzw. mediale Diskussion begleitet. Dort bilden sich in den Diskursen zu Biogas etwa Storylines wie „Teller oder Tank" bzw. „Vermaisung" heraus (vgl. dazu Herbes et al. 2014), die der Kommunikation der Anbieter, die Biomethan vermarkten, zuwiderlaufen. Darauf müssen die Anbieter zeitnah reagieren.

Wichtig ist auch, die möglichen Nutzenkategorien des EE-Kunden (vgl. Abb. 3.1) durch die Kommunikation zu adressieren, d. h. zum Beispiel den Kunden zu helfen, demonstrativen Konsum zu betreiben, indem man ihnen als Anbieter Informationen bzw. Geschichten anbietet, die sich zur Kommunikation in sozialen Netzwerken eigenen.

Insgesamt muss es in der Kommunikationspolitik darum gehen, immer wieder neue Kommunikationsanlässe zu finden, um das Leistungsspektrum zielgruppengerecht darzustellen oder zumindest einige Aspekte davon. Das gilt insbesondere, wenn es um komplexe Prosumer-Güter geht. Und je mehr unterschiedliche Perspektiven eingenommen werden können, um Kommunikation mit einzelnen Teilsegmenten der Zielgruppe zu ermöglichen, umso nachhaltiger wird der Aufbau einer umfassenden und ganzheitlichen Markenkommunikation gelingen.

# Die Bedeutung von EE als Inputfaktor für die Vermarktung anderer Güter und Dienstleistungen

6

In Abschn. 3 wurden bereits die Ziele der Konsumenten beim Bezug von EE-Produkten dargestellt. Diese wirken direkt auf die Anbieter von EE-Produkten. EE können aber in der Wertschöpfungskette von vielen Akteuren eingesetzt werden, beispielsweise von Konsumgüterherstellern oder Investitionsgüterherstellern. Diese können sich aus verschiedenen Gründen für EE entscheiden. Ein möglicher Grund ist, mit dem Einsatz von EE auf die Präferenzen von Konsumenten für nachhaltig hergestellte Produkte und Dienstleistungen zu reagieren und ihre Entscheidung für EE im Rahmen eines auf Nachhaltigkeitsziele von Konsumenten ausgerichteten Marketings zu nutzen.

**Praxis-Beispiel: Kommunikation der EE-Nutzung als Inputfaktor**

Prominentestes Beispiel ist dazu seit Kurzem die Bahncard der Deutschen Bahn. Die Bahncard weist inzwischen eine grüne Farbe auf, und die Deutsche Bahn bezieht große Mengen EE-Strom, um den Energieverbrauch der Personenkilometer, die den Reisen von Bahncard-Inhabern entsprechen, $CO_2$-neutral zu gestalten. Auch im Marketing von Lebensmitteln werden EE genutzt. So findet sich auf den Verpackungen von Milka-Schokolade seit einiger Zeit ein Hinweis, dass zu deren Herstellung ausschließlich EE eingesetzt wurden. Besonders vielversprechend ist ein solcher Einsatz im Marketing für Produkte, bei denen Nachhaltigkeit generell eine große Rolle für die Positionierung spielen, wie beispielsweise Bio-Lebensmittel.

Was bedeutet das für die Vermarkter von EE? Sie müssen ihre Kunden in der Kommunikation der Vorteile des Einsatzes von EE gegenüber deren Endkunden unterstützen. Und genau das tun viele Anbieter auch schon und bieten Kommunika-



C. Friege, C. Herbes, *Einführung in die Vermarktung Erneuerbarer Energien*,
essentials, DOI 10.1007/978-3-658-11831-0_6

tionsleitfäden, Wording-Bausteine oder druckfähige Versionen von Ökosiegeln an, die ihre Kunden dann für das eigene Marketing nutzen können.

**Praxis-Beispiel: Grüne Wärme**

Zum Teil werden auch physische Kommunikations-Tools angeboten. So können die Bezieher grüner Wärme aus Biogasanlagen inzwischen ein DIN A 0-großes Metallschild „Biogas-Wärme aus der Region" (s. Abb. 6.1) an ihren Standorten an prominenter Stelle anbringen. Dies wird z. B. von der Franken-Therme in Bad Windsheim genutzt.

Die Konsumentennachfrage nach nachhaltig hergestellten Produkten und Dienstleistungen kann aber auch noch weitere Akteure in der Wertschöpfungskette erfassen. Konsumgüterhersteller formulieren die Präferenzen ihrer Endkunden z. T. in Nachhaltigkeitsanforderungen an ihre Lieferanten, also beispielsweise an die Hersteller von Investitionsgütern, um. Diese Nachhaltigkeitsanforderungen können auch den Einsatz von EE beinhalten. So wirken Konsumentenpräferenzen z. T. über mehrere Wertschöpfungsstufen.

**Abb. 6.1** Biogaswärme-Schild in Bad Windsheim. (Quelle: Dunker 2013)

**Praxis-Beispiel: Anforderungen an die Stromqualität bei Ausschreibungen beachten**

Schon seit vielen Jahren gehen öffentliche Auftraggeber mehr und mehr dazu über, bei den Ausschreibungen ihres Strombedarfs Anforderungen an die Stromqualität sehr präzise zu formulieren. Das geht häufig über die Anforderung „Ökostrom" hinaus, sodass bestimmte Zertifikate verlangt werden oder sogar umfassende Herkunftsnachweise. Auch private Großverbraucher fordern zunehmend Ökostrom in Ausschreibungen und Aufforderungen zur Angebotsabgabe ein – hier bieten sich für entsprechend positionierte Anbieter immer wieder Vertriebschancen.

Neben der Adressierung von Konsumentenforderungen nach dem Einsatz von EE können Hersteller auf allen Wertschöpfungsstufen aber auch weitere Ziele mit dem Einsatz von EE im Herstellungsprozess verfolgen. Dies können zum Ersten finanzielle Motive sein. So konnte bis zum EEG 2014 die Verstromung von Biomethan ein Weg für produzierende Betriebe sein, ihre Wärmekosten zu senken und langfristig zu stabilisieren. Zum Zweiten kann sich der Einsatz von EE auch aus einer umfassenden Nachhaltigkeitsstrategie herleiten, ohne dass Konsumenten oder institutionelle Kunden Druck in diese Richtung ausgeübt haben.

Allerdings wird sich dieser Einsatz von EE stets in der „Markensubstanz" (Meffert et al. 2010, S. 30) insgesamt zeigen müssen. Diese besteht aus drei Komponenten (vgl. ebenda S. 30 f.), jeweils bezogen auf EE:

- Nachhaltigkeit in den Zielen und der Strategie bedeutet für den Einsatz von EE, dass dieser nur glaubwürdig ist, wenn er zur Unternehmensstrategie und -positionierung konsistent ist.
- Nachhaltigkeit in der Wertschöpfungskette bedeutet bezogen auf EE, solche Prozesse und Kennzahlen zu entwickeln, die das Kundenversprechen „Produziert mit EE" dann auch umsetzbar und ggf. sogar kommunizierbar werden lassen.
- Nachhaltigkeit im Leistungsangebot macht den Einsatz von EE als Inputfaktoren nur dann sinnvoll, wenn dies der Produktdifferenzierung dient bzw. wenn dies von relevanten Stakeholdern (z. B. Konsumenten, Medien) gewürdigt wird. Maßstab bleibt dort die nachhaltige Profitabilität der Entscheidung.

Zusammengefasst: EE können auf verschiedenen Stufen der Wertschöpfungskette eingesetzt werden und dort auch Bestandteil der Marketingstrategie werden, wenn dies in der Markensubstanz angelegt ist. Die Vermarkter von EE müssen in ihrem Marketing dann also nicht nur ihre unmittelbaren Kunden ansprechen, sondern diesen Kunden auch Hilfestellungen leisten, die Präferenzen von deren Endkunden durch den Einsatz von EE zu adressieren.

# 7 Vermarktungsstrategien für spezielle Gruppen von EE

## 7.1 Vermarktungsstrategie für Grünstrom

In der Praxis zeigt sich immer wieder, dass gerade die Vermarktung von regenerativ erzeugtem Strom sehr stark durch Überzeugungen (etwa: „Wir müssen auch als Unterstützer der Energiewende wahrgenommen werden") und Traditionen („Das funktioniert immer schon so für Strom") geprägt sind und leider oftmals der Weg, das Marketing von Grünstrom strategisch anzugehen, gar nicht oder nur sehr rudimentär verfolgt wird. Basierend auf den Überlegungen der vorangehenden Abschnitte sieht eine erfolgversprechende Vermarktung von Grünstrom etwa so aus, wie in Abb. 7.1 skizziert.

Entscheidend für den Vermarktungserfolg ist die erste Frage, die nach dem USP: „Warum sollen die potenziellen Kunden gerade unseren Grünstrom kaufen – und nicht Graustrom oder den Grünstrom anderer Anbieter?" Was bieten wir im Markt an („Produkt-Markt-Kombination"), was anderen Angeboten – zumindest für unsere Zielgruppe – überlegen ist? Bei der Vermarktung von Strom gibt es drei wesentliche Wettbewerbsstrategien: Preisführer, Qualitätsführer (bietet den „besten" Grünstrom an) oder Anbieter für eine bestimmte Nische (meist ein lokaler Anbieter für den lokalen Markt). Das ist geradezu vorbildlich Portersche Strategie (Porter 1980), hat sich vor allem aber in der Praxis immer wieder so bewahrheitet. In den allermeisten Fällen scheitern Vermarktungsstrategien an der mangelhaften Aufrichtigkeit bei der Beantwortung dieser Frage.

Angesichts von gut 75 % öffentlichen Abgaben an der Kilowattstunde Strom (einschließlich der für alle Wettbewerber im Versorgungsgebiet identischen Netznutzungsentgelte und der USt) sind Preisführerstrategien immer sehr riskant. Meist gibt es neue Anbieter in den Gebieten, die mit Angebotspreisen unterhalb der Gestehungskosten Kunden werben wollen und jeden Preis unterbieten werden – ein Blick auf Verivox oder Check24 genügt, um das Ausmaß des (unvernünftigen)



C. Friege, C. Herbes, *Einführung in die Vermarktung Erneuerbarer Energien*, essentials, DOI 10.1007/978-3-658-11831-0_7

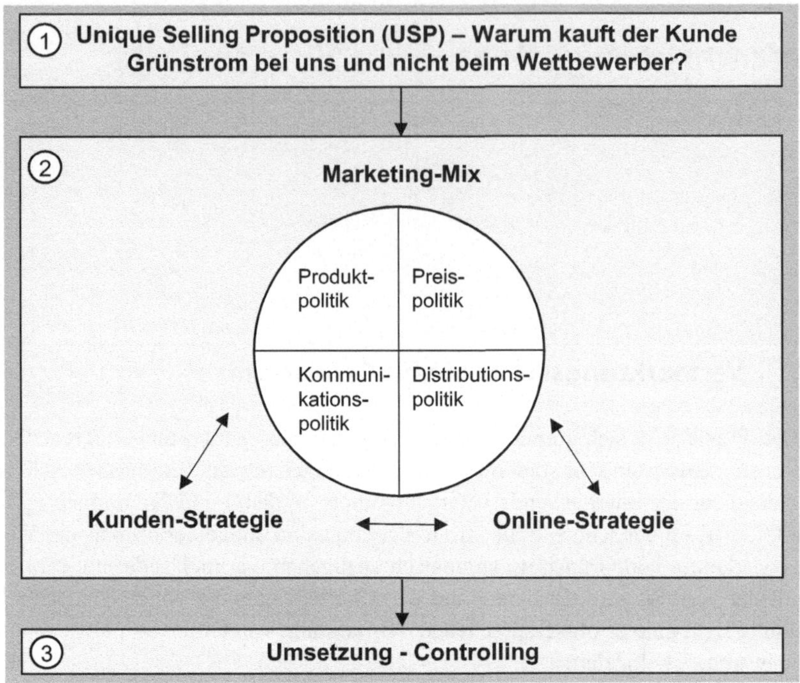


**Abb. 7.1** Vermarktung von Grünstrom. (Quelle: eigene Darstellung)

Discountings zu erfassen. Damit kommt, auch für Grünstrom, dem Preis die Funktion des „Hygienefaktors" zu: Er muss wettbewerbsfähig sein in dem Sinne, dass er zum Preis der großen Anbieter im Versorgungsgebiet keinen zu großen Abstand bildet. Meist ist der Grundversorger mit seinen unterschiedlichen Preisen ein guter Benchmark.

Ebenso verhält es sich mit der Qualitätsführerschaft. Anbieter wie EWS, LichtBlick oder Greenpeace Energy haben in den letzten knapp 20 Jahren ein Image aufgebaut, das für neue Grünstromanbieter nicht so ohne weiteres einholbar erscheint. Nachhaltige Latecomer im Markt wie etwa Polarstern tun sich offensichtlich schwer, zu den etablierten Grünstromanbietern aufzuschließen.

Somit kommt lokalen Nischenstrategien bei der Formulierung des USP besondere Bedeutung zu. Das ist insbesondere dann entscheidend, wenn Nischenanbieter auch die Option hätten, die ökologische Ausrichtung nach vorne zu stellen.

**Praxis-Beispiel: Hamburg Energie**

In den letzten Jahren sind eine Reihe neuer Stadtwerke gegründet worden (Rekommunalisierung), vor allem dort, wo die Lokalparlamente eine Dekade vorher den lokalen Versorger verkauft hatten. Viele der Neugründungen haben ein ausgesprochen ökologisches Profil und bieten nur Grünstromprodukte an. So auch Hamburg Energie. Allerdings kommuniziert das Unternehmen etwa in seinem Internetauftritt als USP in erster Linie die lokale Verwurzelung: „Aus Hamburg, für Hamburg“ bzw. „Hanseatisch, städtisch, ökologisch“ (www.hamburgenergie.de; Zugriff am 05.07.2015). Ökologisch können viele, das Image haben andere – aber die lokale Verwurzelung ist ein kaum von Mitbewerbern kopierbarer Bestandteil des USP. Daher die Konzentration auf diesen Aspekt.

Lässt sich eine Nischenstrategie nicht allein auf lokaler Verwurzelung aufbauen, etwa weil der etablierte Lokalversorger angegriffen werden soll, können Nischenstrategien auch auf anderen Aspekten des Marketing-Mix aufgebaut werden: Zum Beispiel durch eine Verbindung von Grünstromversorgung mit Eigenherstellung (Prosumer-Strategie, vgl. Huener und Bez 2015) als Element, das die Produktpolitik in den Vordergrund stellt. Oder auch durch den Aufbau einer Mehrkanal-Distributionsstrategie, die etwa durch persönliche Beratung im Rahmen des Direktvertriebs (vgl. Friege 2015a) einen USP aufbauen kann.

In jedem Falle müssen in die Überlegungen die Motive und Ziele der Konsumenten für den Bezug von Grünstrom einbezogen werden (vgl. Kap. 3). Wird der USP alle Nutzenkategorien integrieren können oder sollen einzelne beosnders durch die Positionierung des Angebots bedient werden und damit zum USP beitragen?

Ist einmal der USP überzeugend formuliert, kann in einem nächsten Schritt (vgl. Abb. 7.1) begonnen werden, Marketing-Mix (zunächst) und Kunden- bzw. Online-Strategie so zu entwickeln, dass diese ein schlüssiges und in jeder Weise einheitliches Vermarktungskonzept bilden. Zunächst wird man die einzelnen Komponenten des Marketing-Mix aufeinander abstimmen. Dazu ergeben sich aus Abb. 5.1 vielfältige Gestaltungsmöglichkeiten, die die Besonderheiten von EE berücksichtigen. Jeweils im Einzelnen muss überprüft werden, in welcher Weise die dort dargestellten Gestaltungsoptionen den identifizierten USP unterstützen.

Sodann gilt es zu definieren, in welcher Weise man mit den Kunden interagieren will, welche Medien dabei genutzt werden sollen und welche Bedeutung der Kundenkommunikation zum Erreichen des USP zukommt. Dabei ergibt sich eine Bandbreite von der ausgesprochen kundenorientierten Strategie der LichtBlick SE, die in Abschn. 5.1 angeführt wurde, bis hin zu solchen Strategien preisaggressiver

Anbieter, die immer wieder in Kundenbeschwerden resultuieren, aber bei gegebenen Preisen Umsätze steigern bzw. Kosten reduzieren.

**Praxis-Beispiel: Löwenzahn Energie GmbH (i. K.)**

Als schlechtes Beispiel kann Löwenzahn-Energie angeführt werden, ein Unternehmen, das zwischenzeitlich als Teil der Flexstrom-Gruppe in Konkurs gegangen ist: Hier wurde der Kundendienst genutzt, um zu verzögern, zusätzliche Geldbeträge zu kassieren etc. Beispiele finden sich online zuhauf, etwa unter http://de.reclabox.com/beschwerde/52201-loewenzahn-energie-berlin-loewenzahn-energie-gmbh-zockt-mich-ab (Zugriff am 05.07.2015). Ähnliche Effekte können auch aus einem chronisch unterbesetzten Kundendienst resultieren oder auch aus nicht beherrschten Prozessen. Meist sind beide Gründe Zeichen für eine sehr enge Kostenkalkulation.

Schließlich ist zu bedenken, wie man online interagieren will: Website und E-Mail-Zugang zum Kundendienst oder vollständige Einbindung ins Web 2.0? Beide Positionierungen können begründbar sein. Insbesondere kleine Anbieter, vor allem wenn ihre Kernzielgruppe lokal ist, werden ihre Ressourcen nur insoweit in das Internet lenken, wie dies durch Kundenakquisition und -bindung gerechtfertigt ist. Und sie werden daneben andere Wege finden, ihren USP bekannt zu machen.

Diese Teilbereiche der Vermarktungsstrategie, der Marketing-Mix und die beiden Aspekte „Kunden“ und „Online“ müssen immer wieder gegeneinander verprobt werden, bis sie widerspruchsfrei eine schlüssige Vermarktungskonzeption ergeben, die den gewählten USP optimal unterstützt und umsetzt. Nach mehreren Iterationsschritten kann auf dieser Basis der letzte Schritt (vgl. Abb. 5.4) angegangen werden: die Umsetzung und das Controlling.

Abschließend sei ein letzter Wink aus Erfahrung und Praxis angefügt: Das Controlling wird sich nur in den seltensten Fällen ausschließlich auf finanzielle Daten stützen können. Hier sollte man von Beginn an auch Erhebungen zur Kundenzufriedenheit sowie zu den einzelnen Werbewegen im Rahmen der Distributionspolitik integrieren.

## 7.2 Vermarktung von Biomethan

Die Vermarktung von Biomethan ist ungleich komplexer als die Vermarktung von Grünstrom. Dies rührt zunächst daher, dass Biomethan in vier verschiedene Absatzpfade fließen kann (vgl. Herbes 2015), die von ganz unterschiedlichen

Marktbedingungen geprägt sind (s. Abb. 7.2). Biomethan kann sowohl in Kraft-Wärme-Kopplung, bspw. in einem Blockheizkraftwerk (BHKW) an einer Wärmesenke, verstromt werden, als auch als Erdgassubstitut im Kraftstoff- oder ungekoppelten Wärmemarkt eingesetzt werden. Als zukünftiger Vermarktungspfad ist auch die stoffliche Nutzung in der chemischen Industrie denkbar, wenngleich dieser Pfad heute noch keine Rolle spielt und auch nicht zu den energetischen Nutzungen zählt.

Die drei heute relevanten Vermarktungspfade stellen ganz unterschiedliche Anforderungen an das Produkt Biomethan, aber auch an die anderen Bestandteile der Marketingstrategie der Biomethanproduzenten. So war für die Verstromung im BHKW in vergangenen EEG-Versionen die Bonusfähigkeit des Biomethans entscheidend. Und diese wurde von Faktoren wie den Einsatzstoffen und der Größe der Biomethaneinspeiseanlage bestimmt. Im Kraftstoffmarkt wiederum spielen Unterschiede zwischen verschiedenen nachwachsenden Rohstoffen keine Rolle, dort kommt es auf die Unterscheidung zwischen abfallstämmigem Biomethan und solchem aus nachwachsenden Rohstoffen generell an und in Zukunft auf das Treibhausgasminderungspotenzial des Biomethans. Für die Vermarktung an private Endkunden zum Einsatz im ungekoppelten Wärmemarkt sind wieder andere Faktoren entscheidend, die von Konsumentenpräferenzen geprägt werden und eng

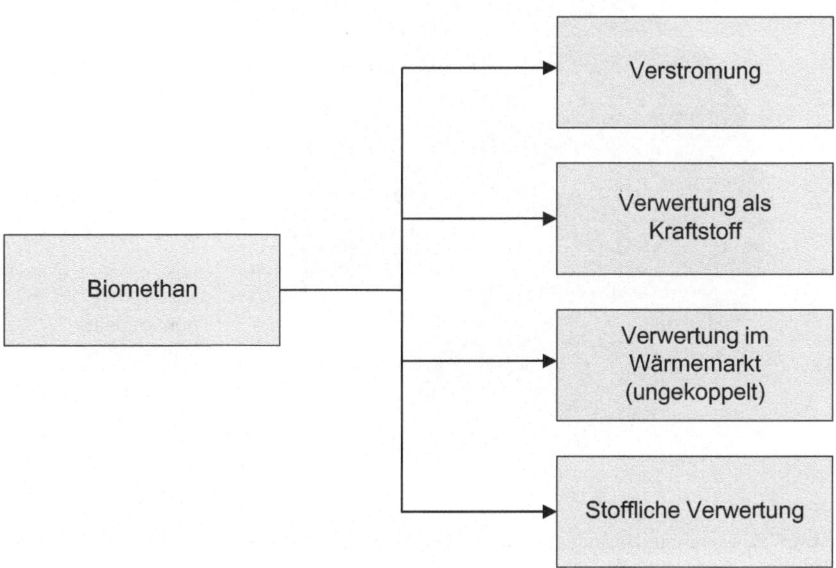


**Abb. 7.2** Vermarktungspfade für Biomethan. (Quelle: Herbes 2015)

mit der Akzeptanz von Biogas (z. B. Teller-Tank-Diskussion) bzw. Regionalität zu tun haben. Es ist also schon bei der Planung der Biomethaneinspeiseanlage wichtig zu wissen, in welchem Vermarktungspfad das Biomethan später verwendet werden soll. Ein Wechsel ist zwar grundsätzlich möglich, kann aber zu Ertragseinbußen führen. Neben dieser Pfadabhängigkeit ist die Komplexität der gesetzlichen Vorschriften, die die Vermarktung prägen, eine wesentliche Herausforderung für die Betreiber von Anlagen zur Biomethanproduktion. Außer dem EEG und der BiomasseV für den Pfad Verstromung sind dies für den Wärmemarkt das EEWärmeG sowie in Baden-Württemberg noch das EWärmeG Baden-Württemberg. Im Kraftstoffmarkt gilt die Biokraft-NachV und für alle Pfade die GasNZV.

Welche Bedeutung haben die drei Vermarktungspfade heute? Das Branchenbarometer der dena (2014) zeigt, dass knapp zwei Drittel der in Deutschland erzeugten Biomethanmengen in der Verstromung nach EEG genutzt wird (s. Abb. 5.3). Der Wärmemarkt und der Kraftstoffmarkt spielen heute nur eine geringe Rolle (Abb. 7.3).

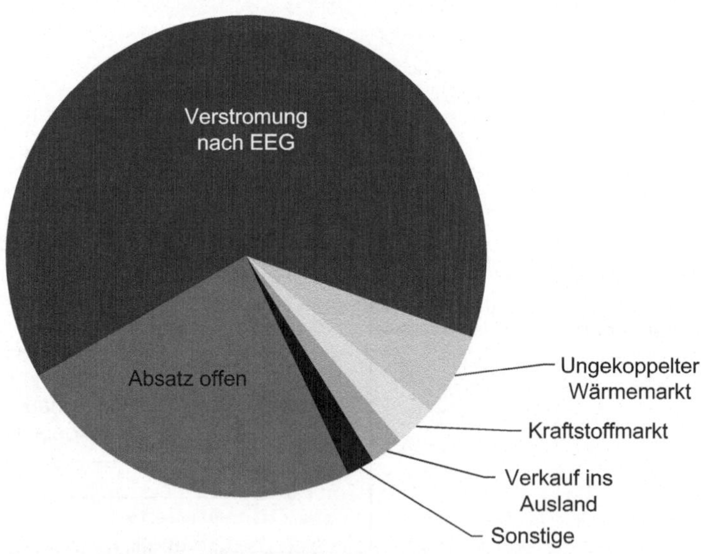


**Abb. 7.3** Erwartete Bedeutung der Vermarktungspfade für das Jahr 2015. (Quelle: dena 2014)

Gleichzeitig ist aber durch das EEG 2014 das Wachstum im Verstromungsmarkt nahezu zum Erliegen gekommen und die größten Wachstumspotenziale werden im Wärmemarkt gesehen. Das ist auch der Pfad, in dem anders als größtenteils bei der Verstromung, vor allem an Privathaushalte, vermarktet wird und bei dem die gesetzlichen Vorgaben weniger stark zum Tragen kommen als in den anderen Pfaden. Deshalb soll er hier im Vordergrund stehen.

Auch in diesem Markt spielen aber gesetzliche Vorgaben durchaus eine Rolle, vor allem das EEWärmeG und das EWärmeG Baden-Württemberg. Beide fördern den Einsatz von Biomethan, das EEWärmeG auf Bundesebene aber nur im KWK-Einsatz. Da die Mikro-KWK wegen der hohen Investitionskosten heute noch vielfach unwirtschaftlich ist, hat sich dieser Teilmarkt kaum entwickelt (Loßner et al. 2012). Das Landesgesetz in Baden-Württemberg fördert aber den Einsatz von Biomethan auch für die ungekoppelte Wärmeerzeugung. Das hat dieses Bundesland zum dynamischsten Regionalmarkt für Biomethan im Wärmemarkt gemacht.

Anders als im Strommarkt ist der Markt für Biomethan-basierte Gasprodukte für Privathaushalte noch überschaubar. Eine Vollerhebung im Sommer 2014 erbrachte eine Gesamtzahl an verfügbaren Tarifen von 170. Wie ist der Marketing-Mix für diese Tarife ausgestaltet?

In der Produktpolitik ist ein wesentliches Merkmal der Beimischungsanteil von Biomethan. Dieser liegt im Markt zwischen 1 und 100 %, wobei die Hälfte der angebotenen Tarife einen Beimischungsanteil von 10 % aufweist, ein weiterer Schwerpunkt liegt bei 30 %. Diese beiden Werte sind identisch mit den Werten, die das Landeswärmegesetz Baden-Württemberg bzw. das EEWärmeG vorschreiben. Da insbesondere das Landeswärmegesetz ein wesentlicher Treiber ist, tun Anbieter gut daran, ein Produkt anzubieten, das darauf zugeschnitten ist. Eine weitere Entscheidung, die die Anbieter zu treffen haben, ist, ob das Produkt noch durch eine zusätzliche „Klimagaseigenschaft" aufgewertet werden soll, also z. B. durch die Unterstützung bestimmter Umweltprojekte in Entwicklungsländern. Davon machen die Anbieter aber nur bei 10 % der Produkte Gebrauch, auch Labels sind mit 15 % eher schwach vertreten. Eine weitere wichtige Eigenschaft ist die Herkunft des zu Grunde liegenden Biogases. Anbieter müssen sich dabei bewusst sein, dass ein Teil der Konsumenten die Verwendung von nachwachsenden Rohstoffen, also Energiepflanzen, insbesondere Mais, für die Biogasherstellung ablehnt. Trotzdem sind 25 % der angebotenen Produkte Nawaro-basiert, je ca. 20 % sind abfallbasiert bzw. Mischprodukte. Für ca. ein Drittel der Produkte geben die Anbieter aber auch auf Nachfrage nicht an, woher das Biogas kommt. Die für ein wertebasiertes Marketing nötige Transparenz ist also im Moment im Markt unterentwickelt.

**Praxis-Beispiel: Produktdifferenzierung und Kommunikation bei Erdgas Schwaben**

Erdgas Schwaben ist einer der Vorreiter beim Vertrieb von Biomethan. Das drückt sich auch in einer differenzierten Produktpalette sowie der Kommunikation aus. Neben einem Tarif mit 25 %iger Beimischung und einem reinen Biomethantarif bietet Erdgas Schwaben auch ein Erdgasprodukt an, das mittels Klimaschutzprojekten und den damit erworbenen Zertifikaten klimaneutral gestellt wird. Die Nawaro-Herkunft des Biomethans wird offen kommuniziert. Im Vordergrund steht aber die Herkunft des Gases aus der Region: Es wird für „schwäbisches Bio-Erdgas" geworben. Auch in der Unternehmensbeschreibung kommt Biomethan prominent vor: „Als Pionier in Sachen Bio-Erdgas verfügen wir momentan als einziger Energiedienstleister Deutschlands über drei laufende Bio-Erdgas-Anlagen. Mit unseren Bio-Energie-Anlagen sparen wir jährlich mehr als 60.000 t $CO_2$ ein." (http://www.erdgas-schwaben.de/erdgas-schwaben.html; Zugriff am 30.07.2015).

Die Preissetzung bei den Biomethan-basierten Mischprodukten ist im wesentlichen vom Biomethananteil bestimmt. Anders als im Ökostrommarkt, wo die Herkunftsnachweise zum Teil nur extrem geringe Kosten verursachen, ist Biomethan für die Anbieter in der Beschaffung oft doppelt so teuer wie Erdgas. Eine Preisdifferenzierung nach Biogasherkunft sowie die Berücksichtigung der Klimagaseigenschaft oder der Labels ist noch kaum erkennbar. Hier müssen die Anbieter in Zukunft die Eigenschaften, die die Zahlungsbereitschaft der Konsumenten beeinflussen können, genau im Blick haben, um die Chancen einer wertschaffenden Preisdifferenzierung zu nutzen.

In der Kommunikationspolitik gilt es, den Vorbehalten, die ein Teil der Konsumenten gegenüber Biogas hat, offensiv zu begegnen. Entscheidet sich ein Anbieter dazu, Nawaro-stämmiges Gas anzubieten und will er die gebotene Transparenz walten lassen, tut er gut daran, die gängigen Bedenken der Verbraucher zur „Vermaisung der Landschaft" oder der Konkurrenz zum Anbau von Nahrungsmitteln in seiner Kommunikation zu addressieren. Aber auch wenn der Anbieter sich dessen bewusst ist, bleibt die Kommunikation eine heikle Aufgabe, denn evtl. werden Vorurteile durch eine ausführliche Argumentation zum Thema Energiepflanzenanbau sogar noch verstärkt. Hier kommt also die doppelte Erklärungsbedürftigkeit von EE-Produkten wieder zum Tragen. Und dies sogar noch mehr als bei Ökostrom, da die Verbraucher zum Teil glauben, dass sie physisch Biomethan geliefert bekämen und sich Sorgen machen, ob ihre Heizungstechnik mit diesem Eingangsstoff umgehen kann. Hier müssen durch die Kommunikation oft noch ganz grundlegende Bedenken ausgeräumt werden.

Zusammengefasst: Der ungekoppelte Wärmemarkt ist sicher der wachstumsstärkste Teilmarkt für Biomethan, die Aufgaben für die Vermarkter allerdings auch sehr anspruchsvoll und mit Sicherheit komplexer als im Grünstrommarkt.

**Praxis-Beispiel: Produktdifferenzierung und Kommunikation bei der BayWa**

Auch die BayWa ist ein Pionier beim Vertrieb von Biomethan. Kunden können wählen zwischen einem Einsteigerprodukt mit 1 % Biomethananteil sowie Produkten mit 10, 30 oder 100 %-Anteilen. Dabei stellt BayWa ganz auf die Klimaschutz-Effekte von Biomethan ab, hat sogar einen kurzen Film online gestellt und nutzt ein Label vom TÜV Süd. Dass auch Mais als Rohstoff eingesetzt wird, verschweigt die BayWa ebenfalls nicht (www.baywa-oekoenergie.de/oekogas/).

# 8 Zusammenfassung: Die wichtigsten Schritte für die erfolgreiche Vermarktung von Erneuerbaren Energien

Das Umfeld für die Vermarktung von EE ist durch Werteorientierung und das interaktive Web gekennzeichnet. Dieser Rahmen wird unserer Zeit und unserer gesellschaftlichen Wirklichkeit gerecht und ist umfassend geeignet für das Marketing von EE. Innerhalb dieses Rahmens sind die Ziele der Konsumenten beim Konsum von EE zu beachten, die nicht allein die Kosten-/Nutzenabwägung betreffen, sondern sowohl tatsächliche Änderungen anstreben als auch individuelle psychologische Ziele verfolgen. Und es sind die Eigenschaften von EE zu berücksichtigen, die vielfach den Handlungsspielraum des Vermarkters bestimmen. In diesem Rahmen erfolgt die Vermarktung von EE (vgl. Abb. 8.1).

Dabei sind als die wesentlichen Schritte der Vermarktung von EE festzuhalten:

1. Von überragender Bedeutung in der Produktpolitik ist die Transparenz über die Erzeugung. Hier unterscheiden sich nachhaltige Produkte von solchen, denen man „Greenwashing“ unterstellen muss.[1] Idealerweise beinhaltet das Produkt einen ökologischen Mehrwert, insbesondere, wenn es die Motivation für einen tatsächlichen Wandel aus Sicht der Konsumenten bedienen will.
2. Daraus ergibt sich das Potenzial für die Erzielung eines Mehrerlöses. Die Preissetzung sollte die Wirkung bestimmter Produkt- und Anbietereigenschaften auf die Zahlungsbereitschaft der Konsumenten berücksichtigen.
3. Neben dem größten Distributionskanal „Internet“, der allerdings durch die hohe Preistransparenz das Potenzial für Mehrerlöse wieder begrenzt, sind der Direktvertrieb sowie die Freundschaftswerbung für den Vermarktungserfolg entscheidend.

[1] Low-Involvement- und Vertrauensgut-Eigenschaften führen allerdings tatsächlich dazu, dass auch Produkte, denen Greenwashing zu unterstellen ist, zumindest kurzfristig erfolgreich verkauft werden können.



C. Friege, C. Herbes, *Einführung in die Vermarktung Erneuerbarer Energien*, essentials, DOI 10.1007/978-3-658-11831-0_8

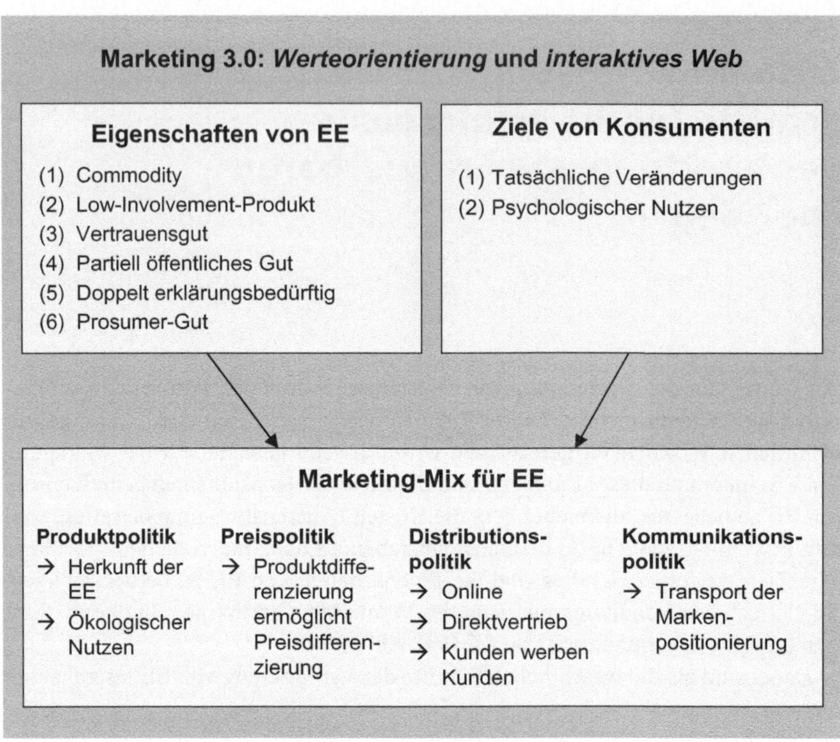


**Abb. 8.1** Einflüsse auf den Marketing-Mix (eigene Darstellung)

4. Höchstes Ziel der Kommunikationspolitik ist der Transport der Markenpositionierung. Dies ist bedingt durch das Spannungsfeld zwischen Low Involvement einerseits und Vertrauensgut sowie der doppelten Erklärungsbedürftigkeit andererseits keineswegs einfach.

Zusammenfassend bleibt festzustellen, dass es für die Vermarktung von EE einige klar identifizierte Erfolgsfaktoren und Gestaltungsbereiche gibt, die den Eigenschaften der EE entspringen und die in einem Umfeld von Werteorientierung und interaktivem Web auch gewinnbringend genutzt werden können. Dabei definiert die transparente Herkunft das EE-Produkt mehr als alles andere und ist damit Ausgangspunkt für die Vermarktungsaktivitäten. Allerdings erfolgen die Anstrengungen zur Vermarktung innerhalb einer besonderen Begrenzung durch den Gesetzgeber und die Regulierungsbehörden: Jede Neufassung des EEG hat zusätzlich zu allen anderen Vorschriften einen potenziellen „Game-changing"-Einfluss auf die Vermarktung von EE.

# Literatur

A.T. Kearney 2012. Der Strom- und Gasvertrieb im Wandel. http://www.atkearney.de/documents/856314/1214638/BIP_Der_Strom_und_Gasvertrieb_im_Wandel.pdf/ee091e7c-9406-4b23-b5b3-608f936cbecc. Zugegriffen: 14. Dez. 2014.

Bodensee-Energie. 2015. Klimaschutzprojekte. http://www.bodensee-energie.de/be/tarife/privatkunden-klima-gas/klimaprojekte.php. Zugegriffen: 28. Juli 2015.

Debor, Sarah. 2014. The socio-economic power of renewable energy production cooperatives in Germany: Results of an empirical assessment, Wuppertal Papers No. 187 April 2014.

Dena. 2014. Branchenbarometer Biomethan. Daten, Fakten und Trends zur Biogaseinspeisung. 2/2014, http;//www.biogaspartner.de/fileadmin/biogas/documents/Branchenbarometer/brababi_II_final.pdf http://www.biogaspartner.de/fileadmin/biogas/documents/Branchenbarometer/brababi_II_final.pdf. Zugegriffen: 30. Juli 2015.

Dulleck, Uwe, Rudolf Kerschbamer, und Matthias Sutter. 2011. The economics of credence goods: An experiment on the role of liability, verifiability, reputation, and competition. *American Economic Review* 101:526–555.

Dunker, Claudia. 2013. Fachverband Biogas Startet Schilder-Kampagne. Energie & Technik (online). www.energie-und-technik.de/erneuerbare-energien/news/article/94182/0/Fachverband_Biogas_startet_Schilder-Kampagne/. Zugegriffen: 20. Feb. 2012.

Enke, Margit, Anja Geigenmüller, und Alexander Leischnig. 2011. Commodity Marketing Eine Einführung. In *Commodity Marketing,* Hrsg. Margit Enke und Antje Geigenmüller, 2. Aufl., 4–29. Wiesbaden: Gabler.

Friege, Christian. 2010. Kundenmanagement und Nachhaltigkeit - erfolgreiche Positionierung im Internetzeitalter. *Marketing Review St. Gallen* 27 (4):42–46.

Friege, Christian. 2015a. Direktvertrieb für Erneuerbare-Energie-Produkte. In *Marketing Erneuerbarer Energien,* Hrsg. Carsten Herbes und Christian Friege, 113–130. Wiesbaden: Springer Gabler.

Friege, Christian. 2015b. *Der Direktvertrieb in Mehrkanalstrategien*. Wiesbaden: Springer Gabler.

Friege, Christian, und Carsten Herbes. 2015. Konzeptionelle Überlegungen zur Vermarktung von Erneuerbaren Energien. In *Marketing Erneuerbarer Energien,* Hrsg. Carsten Herbes und Christian Friege, 3–28. Wiesbaden: Springer Gabler.

 
C. Friege, C. Herbes, *Einführung in die Vermarktung Erneuerbarer Energien*, essentials, DOI 10.1007/978-3-658-11831-0

Friege, Christian, und Heiko Voss. 2015. Motive von Privatinvestoren bei Investitionen in EE-Projekte. In *Handbuch Finanzierung von Erneuerbare-Energien-Projekten,* Hrsg. Carsten Herbes und Christian Friege, 91–107. München: uvk.

Geiger, Klaus. 2011. Nicht alles, was grün ist, ist wirklich Ökostrom. Die Welt, 20.03.2011; online unter http://www.welt.de/finanzen/verbraucher/article12890222/Nicht-alles-was-gruen-ist-ist-wirklich-Oekostrom.html. Zugegriffen: 28. Juli 2015.

Geißler, Holger. 2014. Verbraucher strafen Unternehmen für Strompreise nicht noch weiter ab. WirtschaftsWoche Online; http://www.wiwo.de/unternehmen/energie/brandindex-verbraucher-strafen-unternehmen-fuer-strompreise-nicht-noch-weiter-ab/9528742.html. Zugegriffen: 14. Dez. 2014.

Gervers, Susanne. 2015. Erneuerbare Energien im Marketing von Tourismusunternehmen. In *Marketing Erneuerbarer Energien,* Hrsg. Carsten Herbes und Christian Friege, 281–298. Wiesbaden: Springer Gabler.

Hartmann, P., und V. Apaolaza-Ibáñez. 2012. Consumer attitude and purchase intention toward green energy brands: the roles of psychological benefits and environmental concern. *Journal of Business Research* 65:1254–1263.

Herbes, Carsten. 2015. Marketing für Biomethan. In *Marketing Erneuerbarer Energien,* Hrsg. Carsten Herbes und Christian Friege, 185–204. Wiesbaden: Springer.

Herbes, Carsten, und Christian Friege. Hrsg. 2015. *Marketing Erneuerbarer Energien*. Wiesbaden: Springer.

Herbes, Carsten, und Iris Ramme. 2014. Online marketing of green electricity in Germany – A content analysis of providers' websites. *Energy Policy* 66:257–266.

Herbes, Carsten, Eva Jirka, Jan-Philipp Braun, und Klaus Pukall. 2014. Der gesellschaftliche Diskurs um den „Maisdeckel" vor und nach der Novelle des Erneuerbare-Energien-Gesetzes (EEG) 2012. *GAIA* 23/2:100–108.

Huener, Uli, und Michael Bez. 2015. Erneuerbare Energien als Grundlage für Prosumer-Modelle. In *Marketing Erneuerbarer Energien,* Hrsg. Carsten Herbes und Christian Friege, 337–360. Wiesbaden: Springer.

Kaenzig, J., S. L. Heizle, and R. Wüstenhagen. 2013. Whatever the customer wants, the customer gets? Exploring the gap between consumer preferences and default electricity products in Germany. *Energy Policy* 53:311–322.

Klöpfer, Ralf, and Ulrich Kliemczak. 2015. Erneuerbare Energien im Contracting-Markt. In *Marketing Erneuerbarer Energien,* Hrsg. Carsten Herbes und Christian Friege, 263–279. Wiesbaden: Springer.

Kotler, Philip, Hermawan Kartaja, und Iwan Setiawan. 2010. *Marketing 3.0*. Hoboken: Wiley.

Kramer, Robert. 2015. Gesetzliche Rahmenbedingungen und ihre Auswirkungen auf die Vermarktung von EE in Deutschland. In *Marketing Erneuerbarer Energien,* Hrsg. Carsten Herbes und Christian Friege, 60–81. Wiesbaden: Springer.

Leprich, Uwe, Patrick Hoffmann, und Martin Luxenburger. 2015. Zertifikate im Markt der Erneuerbaren Energien in Deutschland. In *Marketing Erneuerbarer Energien,* Hrsg. Carsten Herbes und Christian Friege, 205–241. Wiesbaden: Springer.

LichtBlick. 2014. Vertrauen schaffen – mit ausgezeichneten Produkten und ausgezeichnetem Kundenservice. http://www.lichtblick.de/privatkunden/strom/. Zugegriffen: 14. Dez. 2014.

LichtBlick. 2015. LichtBlick Strom Sonne. https://www.lichtblick.de/medien/downloads?taxonomy=categories&propertyName=category&taxon=%2f%u00f6kostrom. Zugegriffen: 30. Juli 2015.

Litvine, Dorian, und Rolf Wüstenhagen. 2011. Helping „light green" consumers walk the talk: results of a behavrioral intervention survey in the Swiss electricity market. *Ecological Economics*70 (3): 462–474.

Losse, Bernd. 2014. Hohe Zustimmung für Energiewende; WirtschaftsWoche Online: http://www.wiwo.de/politik/deutschland/allensbach-umfrage-hohe-zustimmung-fuer-energiewende/10037578.html. Zugegriffen: 14. Dez. 2014.

Loßner, Martin, Erik Gawel, und Carsten Herbes. 2012. Einsatz von Biomethan in Neubauten nach EEWärmeG – eine Hemmnis- und Wirtschaftlichkeitsanalyse. *Zeitschrift für Energiewirtschaft* 36 (4): 267–283.

MacPherson, Ronnie, und Ian Lange. 2013. Determinants of green electricity tariff uptake in the UK. *Energy Policy* 62:920–933. doi:10.1016/j.enpol.2013.07.089.

Manta, Marion. 2012. *Bedeutung von Gütesiegeln*. München: FGM.

Mattes, Anselm. 2012. Grüner Strom: Verbraucher sind bereit, für Investitionen in erneuerbare Energien zu zahlen. *DIW-Wochenbericht* 79 (7): 2–9.

Meffert, Heribert, Christian Rauch, und Hanna Lena Lepp. 2010. Sustainable Branding – mehr als ein neues Schlagwort?! *Marketing Review St. Gallen* 27 (5): 28–35.

Meffert, Heribert, Christoph Burmann, und Manfred Kirchgeorg. 2015. *Marketing*, 12. Aufl. Wiesbaden: Springer.

Menges, Roland, und Gregor Beyer. 2015. Konsumentenpräferenzen für Erneuerbare Energien. In *Marketing Erneuerbarer Energien,* Hrsg. Carsten Herbes und Christian Friege, 83–112. Wiesbaden: Springer.

Möller, Sabine, und Sebastian Roltsch. 2011. Differenzierung von Commodities am Beispiel von Hochleistungskraftstoffen. In *Commodity Marketing,* Hrsg. Margit Enke und Antje Geigenmüller, 2. Aufl., 458–477. Wiesbaden: Gabler.

Porter, Michael E. 1980. *Competitive strategy*. New York: Free Press.

Ringel, Marc. 2015. Elektromobilität als Absatzmarkt für Strom aus Erneuerbaren Energien: Möglichkeiten und Grenzen des Geschäftsmodells „Grüne Mobilität". In *Marketing Erneuerbarer Energien,* Hrsg. Carsten Herbes und Christian Friege, 301–318. Wiesbaden: Springer.

Rowlands, Ian H., Paul Parker, und Daniel Scott. 2002. Consumer perceptions of „green power". *Journal of Consumer Marketing* 19 (2): 112–129. doi:10.1108/07363760210420540.

Schlemmermeier, Ben, und Björn Drechsler. 2015. Vom Energielieferanten zum Kapazitätsmanager - Neue Geschäftsmodelle für eine regenerative und dezentrale Energiewelt. In *Marketing Erneuerbarer Energien,* Hrsg. Carsten Herbes und Christian Friege, 131–161. Wiesbaden: Springer.

Stigka, Eleni K., John A. Paravantis, und Giouli K. Mihalakakou. 2014. Social acceptance of renewable energy sources: A review of contingent valuation applications. *Renewable & Sustainable Energy Reviews* 32:100–106.

Tchibo. 2014. Ökostrom & gas. http://www.tchibo.de/oekostrom-gas-nachhaltige-energie-zum-tchibo-tarif-c400001066.html. Zugegriffen: 14. Dez. 2014.

Top agrar online. 2012. Teurer Ökostrom ist ein Irrglaube. http://www.topagrar.com/news/Energie-Energienews-Oekostrom-nichtteurer-als-herkoemmliche-Tarife-909404.html. Zugegriffen: 12. März. 2013.

TÜV Süd. 2014. Wegbereiter der Energiewende. http://www.tuev-sued.de/anlagen-bau-industrietechnik/technikfelder/umwelttechnik/energie-zertifizierung/wegbereiter-der-energiewende. Zugegriffen: 14. Dez. 2014.

UBA. 2014. Marktanalyse Ökostrom – Endbericht. http://www.umweltbundesamt.de/sites/default/files/medien/376/publikationen/texte_04_2014_marktanalyse_oekostrom_0.pdf. Zugegriffen: 14. Dez. 2014.

Utopia. 2014. Über Utopia. http://www.utopia.de/utopia. Zugegriffen: 21. Dez. 2014.

Wiedmann, Klaus-Peter, und Dirk Ludewig. 2011. Commodity branding. In *Commodity Marketing,* Hrsg. Margit Enke und Antje Geigenmüller, 2. Aufl., 82–114. Wiesbaden: Gabler.

Zaichkowsky, Judith Lynne. 1985. Measuring the involvement construct. *Journal of Consumer Research* 12 (3): 341–352.